各国水概况

（非洲卷）

水利部国际合作与科技司
水利部发展研究中心　编著
黄河勘测规划设计研究院有限公司

·北京·

内 容 提 要

本书介绍了非洲 25 个国家的自然经济概况、水资源及其开发利用与保护状况、水资源管理体制机制、水法规与水政策等内容，可以帮助读者了解非洲各个国家水资源开发利用及管理情况，借鉴其发展经验。

本书可供广大水利工作者及相关行业人员参阅。

图书在版编目（CIP）数据

各国水概况. 非洲卷 / 水利部国际合作与科技司，水利部发展研究中心，黄河勘测规划设计研究院有限公司编著. -- 北京 : 中国水利水电出版社，2023.2
ISBN 978-7-5226-1288-1

Ⅰ. ①各… Ⅱ. ①水… ②水… ③黄… Ⅲ. ①水资源管理－概况－非洲 Ⅳ. ①TV213.4

中国国家版本馆CIP数据核字(2023)第036523号

书　　名	**各国水概况（非洲卷）** GE GUO SHUIGAIKUANG（FEIZHOU JUAN）
作　　者	水利部国际合作与科技司 水利部发展研究中心　　　编著 黄河勘测规划设计研究院有限公司
出版发行	中国水利水电出版社 （北京市海淀区玉渊潭南路 1 号 D 座　100038） 网址：www.waterpub.com.cn E-mail：sales@mwr.gov.cn 电话：（010）68545888（营销中心）
经　　售	北京科水图书销售有限公司 电话：（010）68545874、63202643 全国各地新华书店和相关出版物销售网点
排　　版	中国水利水电出版社微机排版中心
印　　刷	清淞永业（天津）印刷有限公司
规　　格	140mm×203mm　32 开本　8 印张　230 千字
版　　次	2023 年 2 月第 1 版　2023 年 2 月第 1 次印刷
印　　数	0001—1000 册
定　　价	**115.00** 元

《各国水概况（非洲卷）》编委会

主　　审　刘志广

主　　编　李　戈

副 主 编　吴浓娣　池欣阳　庞靖鹏　尹德文

主要编写人员（按姓氏笔画排序）

王凤春　王冠霖　闫琳琳　严婷婷
李　佼　沈可君　邵力群　邵欣然
邵　颖　罗玄女　罗　琳　金　鑫
郭姝姝　樊　霖

统　　稿　严婷婷

前　言

20世纪80年代初，为方便我国水利行业及其相关部门的管理和科研人员了解各国水利水电建设及管理情况，借鉴其有益经验，水利部原科技教育司主持编写了《各国水概况》一书（1989年12月正式出版），内容涉及世界各大洲107个国家（地区）的自然与经济概况、水资源及其开发利用与保护、水法和水管理机构等。该书受到社会各界的广泛好评，被认为是系统了解国外水利状况和借鉴其经验的非常有益的参考书。

20世纪90年代以后，以信息技术现代科学技术进步，大大促进了各国水利水电事业的发展。为更多了解和借鉴国外水利发展经验，促进我国水利事业发展，水利部国际合作与科技司和水利部发展研究中心共同组织开展了《各国水概况》重新编撰出版工作。其中，《各国水概况（欧洲卷）》于2007年7月出版发行，《各国水概况（美洲、大洋洲卷）》于2009年8月出版发行，《各国水概况（亚洲卷）》于2021年1月出版发行，获得业内广泛好评。

为深入贯彻习近平总书记提出的“一带一路”倡议，进一步加强与世界各国（地区）的水利交流与合作，深入推进双边和多边水利务实合作，共谋发展，在全面收集、翻译、整理有关资料，并认真总结前期出版经验的基础上，《各国水概况（非洲卷）》编撰完成，共收录了25个国家，国家顺序按拼音字母顺序排列。

本书主要内容包括：自然地理，经济概况，水资源状况，水资源开发利用与保护，水资源管理与可持续发展，水政策与法规，水利国际合作等。

各个国家编写体例力求统一，但受资料收集的限制，部分国家的编写内容略有不同。

各国国内生产总值构成和水资源相关数据主要依据联合国粮农组织统计数据，部分国家的数据在不同国际组织的报告中略有不同，因无法核定相关数据的准确程度，故仍采用其资料原文。

受权威资料获得渠道及编写水平的限制，本书难免存在诸多不足，敬请广大读者批评指正。

编者

2022年11月

目　录

阿尔及利亚

一、自然经济概况

（一）自然地理

阿尔及利亚全称阿尔及利亚民主人民共和国（The People's Democratic Republic of Algeria），位于非洲西北部。北部濒临地中海，东邻利比亚、突尼斯，东南和南部分别与尼日尔、马里和毛里塔尼亚接壤，西部和摩洛哥相连。国土面积为 238 万 km^2，海岸线长约 1200km。

阿尔及利亚全境大致以东西向的泰勒阿特拉斯山脉、撒哈拉阿特拉斯山脉为界。泰勒阿特拉斯山脉以北为地中海岸的滨海平原；两山脉之间为高原地区；撒哈拉阿特拉斯山脉以南属撒哈拉大沙漠，约占全国面积的 85%。北部沿海地区属于地中海气候，冬季温和多雨，湿度为 80%；夏季炎热干燥，湿度为 60%。11 月至次年 3 月为雨季，6—9 月为旱季，年降雨量为 400～1000mm。中部地区的部分高原为大陆性气候，干燥少雨，冬冷夏热，1 月最低气温可降至 0℃以下，山区降雪。南部撒哈拉沙漠地区为极端大陆性沙漠气候，雨量极少，日照极盛。5—9 月炎热，最高气温可达 55℃，昼夜温差较大。

（二）社会经济

截至 2020 年，阿尔及利亚总人口 4370 万人，大多数是阿拉伯人，其次是柏柏尔人（约占总人口的 20%），少数民族有姆扎布族和图阿雷格族。官方语言为阿拉伯语，通用法语。伊斯兰教为国教。阿尔及利亚耕地面积约 800 万 hm^2，占国土面积的 3%，主要农产品有粮食（小麦、大麦、燕麦和豆类）、蔬菜、葡萄、柑橘和椰枣等。农业产值约占国内生产总值的 12%。阿尔

及利亚是世界粮食、奶、油、糖十大进口国之一，每年进口粮食约 500 万 t。

石油与天然气产业是阿尔及利亚的国民经济支柱，多年来其产值一直占阿尔及利亚 GDP 的 30%，税收占国家财政收入的 60%，出口占国家出口总额的 97%以上。粮食与日用品主要依赖进口。2020 年，国内生产总值（GDP）为 1548 亿美元，人均 GDP 约 3542 美元。石油探明储量约 17 亿 t，占世界总储量的 1%，居世界第 15 位，主要是撒哈拉轻质油，油质较高。天然气探明可采储量 4.58 万亿 m^3，占世界总储量的 2.37%，居世界第 10 位。阿尔及利亚油气产品大部分出口。其他矿藏主要有铁、铅锌、铀、铜、金、磷酸盐等，其中铁矿储量为 30 亿～50 亿 t，主要分布在东部乌昂扎矿和布哈德拉矿；铅锌矿储量估计为 1.5 亿 t，铀矿 5 万 t，磷酸盐 20 亿 t，黄金 73t。

二、水资源状况

（一）水资源

据联合国粮农组织统计，2018 年阿尔及利亚境内地表水资源量约为 97.6 亿 m^3，境内地下水资源量约为 14.87 亿 m^3，无重复计算水资源量，境内水资源总量为 112.5 亿 m^3，人均境内水资源量为 266.3m^3/人。2018 年阿尔及利亚境外流入的实际水资源量为 4.2 亿 m^3，实际水资源总量为 116.7 亿 m^3，人均实际水资源量为 276.3m^3/人，见表 1。

表 1　阿尔及利亚水资源量统计简表

序号	项　目	单位	数量	备　注
①	境内地表水资源量	亿 m^3	97.6	
②	境内地下水资源量	亿 m^3	14.87	
③	境内地表水和地下水重叠资源量	亿 m^3	0	
④	境内水资源总量	亿 m^3	112.5	④=①+②－③
⑤	境外流入的实际水资源量	亿 m^3	4.2	
⑥	实际水资源总量	亿 m^3	116.7	⑥=④+⑤

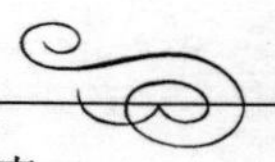

续表

序号	项　目	单位	数量	备　注
⑦	人均境内水资源量	m^3/人	266.3	
⑧	人均实际水资源量	m^3/人	276.3	

资料来源：联合国粮农组织统计数据库。表中水资源量均指可再生水资源量。

（二）河川径流

由于气候和地形的影响，阿尔及利亚南北部的河流差异较大。北部的河流大多发源于阿特拉斯山，向北流入地中海；河流短小湍急，属于外流河类型。河水补给全靠雨水，水量随季节变化。南部的河流为内流河类型，一般呈干枯状态，雨量较大时，河床多水，形成巨流；无雨时，河床完全干涸。部分河流依靠地下水补给，即使全年有水，水流都很细小。南部的沙漠区几乎没有河流。

阿尔及利亚的河流根据其终流地点可分为流入地中海的河流、流入高原封闭盆地的河流和消失在沙漠里的河流。

1. 流入地中海的河流

谢利夫（Oued Cheliff）河为阿尔及利亚最大的河流，入地中海。源于阿姆山的图维勒（Tuviera）河和提亚雷特山南麓的瓦塞勒河。北流穿越过泰勒阿特拉斯山，在舒尔法（Chorfa）河以下折向西流，在穆斯塔加奈姆北 11km 入地中海。长 700km，流域面积 3.5 万 km^2。流量季节变化大，夏末成涓涓细流，秋冬雨期超过 $1000m^3/s$。两岸冲积平原宽广，农业发达，盛产谷物、棉花、水果等。干支流上建有多处水利工程。

其余流入地中海的河流主要包括：塔夫纳（Taffna）河、锡格（Sieg）河、哈马姆（Hamam）河、谢费（Chefe）河、伊塞尔（Iser）河、苏马姆（Soummam）河、凯比尔（Kebir）河、塞弗萨夫（Seversaf）河、赛布斯（Sybbs）河、迈杰尔达（Majerda）河等。

2. 流入高原封闭盆地的河流

这部分河流属于内流流域，其特征是流程短、流量不稳定。

主要包括布萨达（Busada）河、哈姆干（Hamgan）河、姆西拉（M Sila）河、布姆杜（Bumdu）河和拜里卡干（Berikagan）河。这些河流分别发源于提特利山、奥拉德奈勒山和霍德纳山，最终都流入霍德纳盐沼。

3. **消失在沙漠里的河流**

消失在沙漠里的河流主要有发源于阿穆尔山地区的杰迪干（Jedican）河，发源于奥雷斯山的阿拉伯（Shatt al-Arab）河和艾卜耶德（Abyad）河，发源于撒哈拉阿特拉斯山脉西南部的宰尔贡干（Zargun）河、苏格尔（Sugel）河、海比兹（Haybitz）河、纳姆斯干（Namsgan）河和萨拉乌（Salau）河。

（三）天然湖泊

内流河大多汇入盐湖，其中最大的盐湖为迈勒吉尔（Melgil）盐湖，位于阿尔及利亚东北部，面积 6700km^2，处于低于海面 36m 的洼地中，雨季（冬季）由发源于奥雷斯山和撒哈拉阿特拉斯山脉的间歇河补给而充水，旱季干涸成为盐滩。

三、水资源开发利用

阿尔及利亚地表水资源紧缺，地下水资源丰富。

（一）水利发展历程

阿尔及利亚对水力发电重要性的认识相对较晚。第二次世界大战以前，在该领域取得的成果仅限于中小型水电站。这些水电站主要位于卡比利亚（Kabylie）［马约布格尼（Boghni）上游瀑布处］、君士坦丁（Constantine）［古迈勒（Rhumel）河瓦地博得（WadiBerd）瀑布处］、奥兰（Oran）［艾因菲坎（Ain-Fekkan）、提亚雷特（Tiaret）、奈格利埃（Negrier）、塔夫纳（Tafna）河］以及谢利夫（Chelif）流域。这些电站总发电量约为 4000 万 kWh。

1940 年，阿尔及利亚曾制订了一项由小型水电站每年提供 12000 万 kWh 额外发电量的水电开发计划，并开始着重于水能资源开发。阿尔及利亚政府 1999—2003 年 4 年间共计投资 4000

亿第纳尔（约合55亿美元）用以大坝兴建、海水淡化、农田灌溉、饮用水供给和排污管网铺设等大型工程项目建设。

随着阿尔及利亚经济振兴步伐的日益加快，近年来对水电设施建设的需求不断增加。阿尔及利亚正加速建设一批海水淡化站，以满足沿海地区用水需要，上述淡化站建成后，海水淡化能力每日可达100万m^3。鉴于水资源地区分布不平衡，阿尔及利亚政府计划今后重点建设水网系统，调整输水路线，以保证各地区供水平衡；根据长期规划，还将实施地下水北调工程。除上述项目外，阿尔及利亚水资源部大坝司还制订了流域开发计划，该项计划已于2003年启动，旨在对2.38万km^2的21个流域进行研究与整治，整个工程约耗资25亿第纳尔（约3500万美元）。

（二）水利现状及发展潜能

阿尔及利亚国内可再生能源产量从2008年的253MW增长到2020年的686MW。尽管有主要能源石油天然气的竞争，但鉴于国内巨大的水电蕴藏量，其重要性不言而喻。阿尔及利亚水电蕴藏量的利用率仅为20%，详见表2。

表2　　　　阿尔及利亚水电装机容量

电站名	装机容量/kW	电站名	装机容量/kW
格里卜	7000	达尔吉纳	71500
葛莱脱	6425	伊吉基艾木达	24000
布哈尼菲耶	5700	曼苏拉	100000
瓦迪富达	15600	伊拉吉内	16000
贝尼巴德尔	3500	首埃尔德吉玛	8085
塔萨拉	4228	提济美登	4458
埃泽尔恩恰贝尔	2712		
总　计	269208		

目前运行中的水电站总装机容量约为27万kW，电站装机从1万～10万kW不等，年发电量为5.6亿kWh。1971—2010

年间，水电发电量占总发电量的4%，最高值为1973年的26.8%，最低值为2002年的2%。与发达国家（德国、日本、美国和挪威）相比，阿尔及利亚水能资源利用率相对较低，有待提高。该国南部撒哈拉地区严重缺水，成为水资源利用的主要限制因素之一。由于降雨稀少，若缺少有效的灌溉方案是无法种植供人畜食用的作物的，因此其主要供水来自其他气候温和地区的地下水。

（三）水库

由于地理条件的限制，阿尔及利亚开发的小水电项目较少。该国首个主要蓄水项目是1926年修建的瓦迪富达（Oued - Fodda）重力坝。该坝高100m，为谢利夫地区提供灌溉用水。此后规划修建了上谢利夫地区的格里卜（Ghrib）水库、瓦迪哈姆达的布哈尼菲耶（Bou Hanifia）水库以及米纳（Mina）的巴哈达（Bakhadda）水库等大型项目，详见表3。阿尔及利亚还建设了一些相对较小的项目，即霍德纳地区的克苏卜（Ksob）水库以及君士坦丁地区的富姆吉伊思（Foumel Gueiss）水库和扎尔代扎（Zardezas）水库，并在摩洛哥边界附近的瓦迪塔夫纳（Oued Tafna）河上修建了贝尼巴德尔（Beni Bahdel）水库。在各座水库调试期间对蓄水量进行了计算，未考虑泥沙淤积。

表3　　阿尔及利亚水库的主要参数

水库名称	坝高/m	库容/亿 m^3	年调节量/亿 m^3	可灌溉区面积/万 hm^2
阿尔吉罗斯哈密兹	45	0.23	0.28	1.5
格里卜	65	2.80	1.4	3.7
瓦迪富达	89	2.20	1	2.5
巴哈达	45	0.37	0.5	1
布哈尼菲耶	54	0.73	1	2
舍尔法	27	0.13	0.15	0.5
贝尼巴德尔	54	0.63	0.5	—

续表

水库名称	坝高/m	库容/亿 m^3	年调节量/亿 m^3	可灌溉区面积/万 hm^2
瓦迪萨尔诺	28	0.22	0.1	0.3
瓦迪美孚劳奇	25	0.18	0.18	—
君士坦丁扎尔代扎	35	0.11	0.3	0.5
富姆埃吉伊恩	23	0.025	0.06	0.5
瓦迪克苏卜	32	0.12	0.3	1
总　计		8.22	6.02	15.5

四、水质与水污染

除了水量日益短缺外，水质恶化是阿尔及利亚目前面临的主要挑战之一。目前，阿尔及利亚的城市、农业和工业废水未经适当处理即直接排入地表水体。农业径流正在给人类健康和生态系统健康造成威胁，同时使该地区紧张的供水形势进一步恶化。

为此，阿尔及利亚的法律框架规定要防止水污染，并授权专业机构及管理部门建立环境水质标准。但是法律框架一般不明确提出制定这些标准时要采用的程序、目标或一般准则。阿尔及利亚水法要求环境部制定 3 种不同用途的水质标准，其中饮用水和生活用水水质标准最严格，而废水经过处理后的水质标准最低。

五、水资源管理

（一）组织机构及职能

阿尔及利亚水利部（MRE）主要负责提供水利基础设施建设和相关服务，其主要职权涉及水利政策研究、水资源调查、水利监管等多方面内容。除水利部外，阿尔及利亚还有五个水利组织，主要负责规划、设计、建造和基础设施的后续维护工作，同时负责供给水资源。这五个组织分别为：

（1）阿尔及利亚能源公司（AEC）。主要负责与外资企业合作，实施海水淡化项目。

(2) 国家水坝和大型输电局（ANBT）。主要负责地表水资源输送项目。

(3) 阿尔及利亚水务公司（ADE）。阿尔及利亚80%的水分配系统由国有公司ADE负责，在1541个城市的814个中为340万客户提供服务。根据法律，ADE公司不仅要提供水服务，而且要促进节水和提高公众意识。该公司经营广泛的输水系统，可以远距离输水，通常覆盖多个省份。ADE在该国48个省均设有分支机构。

(4) 国家卫生办公室（ONA）。主要负责污水处理，大多数下水道系统均由ONA负责。

(5) 国家灌溉排水办公室（ONID）和国家水资源局（ANRH）。主要负责水资源规划相关工作。

（二）水资源管理机制与模式

阿尔及利亚的水法按流域一级的水资源管理方法，而且往往按水文单元组织水资源管理。该水法制定各个水文单元的总体规划，确定动用、分配和利用该水文单元内水资源的策略。总体规划应规定满足生活、农业和工业用水的需要、定性和定量保护地表和地下水体、在洪水和干旱时期水资源管理的策略。

阿尔及利亚政府于2005年6月宣布改善水资源管理模式，创建一批控股企业用以管理饮用水和净化水。这些企业归属政府直接管理，外国公司可予以参股。2005—2009年五年间，阿尔及利亚政府斥资530亿第纳尔（约合7.4亿美元）用于水利设施建设，包括建设13座大坝和11座海水淡化站等。

六、水法规与水政策

（一）水法规与水政策

阿尔及利亚于2005年制定实施新《水资源法》。新颁布的《水资源法》旨在进一步规范水资源开发、利用和管理等方面的各项基本制度并明确保持水资源领域可持续发展的总体实施原则。新法加大了对水资源浪费、盗用及非法开采等行为的打击惩戒力度，同时引进了“转让经营”机制，即允许国内外承包商进

行水资源经营。引入“转让经营”机制并非意味着要对水资源领域进行私有化改革，而是借助国外企业先进的经营技术与成熟的管理经验改善阿水资源服务体系，推动阿水资源领域发展，水资源价格今后仍将由国家制定。

（二）公众参与

公众参与水资源管理极为重要。阿尔及利亚水法规定：公众可利用所有水样结果，但仍需明确怎样提供这些资料以及公众可以利用到什么程度的规定、方法、标准和程序。除此之外，水法还要求有关政府机构建立和保持综合水资源信息管理系统，特别要求用水许可证持有者定期将所有与许可证有关的信息提交给信息管理系统。

七、国际活动情况

（一）水利国际合作

阿尔及利亚参加的国际水机构主要有全球水伙伴等。

（二）国际援助

关于水的运作所需的财务能力，阿尔及利亚水利部进行了干预，通过获取一笔 100 亿第纳尔的贷款，使其能够满足需求。针对输水网络质量和漏水等问题，相关评估报告结果表明，作为解决输水网络老化问题的第一阶段，至少需要投资 750 亿丹麦克朗，每年必须至少更新 2000km 的运河。

埃　及

一、自然经济概况

（一）自然地理

埃及全称阿拉伯埃及共和国（The Arab Republic of Egypt），地跨亚、非两洲，隔地中海与欧洲相望，大部分位于非洲东北部，只有苏伊士运河以东的西奈半岛位于亚洲西南部。埃及国土面积100.145万km^2，排名世界第三十位，94%的国土面积为沙漠。埃及东临红海并与巴勒斯坦、以色列接壤，西与利比亚为邻，南与苏丹交界，北临地中海。海岸线长约2900km。尼罗河纵贯南北，全长6700km，在埃及境内长1530km。

按自然地理状况，埃及可分为4个主要部分：尼罗河谷和三角洲地区地表平坦，开罗以南通称上埃及，以北为下埃及；西部的利比亚沙漠是撒哈拉沙漠的东北部分，为自南向北倾斜的高原；东部阿拉伯沙漠，西至尼罗河河谷，东到红海滨，黄金、煤炭和油气资源丰富；西奈半岛大部分为沙漠，南部山地有埃及最高峰圣卡特琳山，海拔2629m，地中海沿岸多沙丘。

埃及全境干燥少雨，尼罗河三角洲和北部沿海地区属亚热带地中海气候，其余大部分地区属热带沙漠气候。开罗地区年降雨量约18mm，夏季平均气温最高为34.2℃，最低为20.8℃，冬季气温最高为19.9℃，最低为9.7℃；地中海沿岸城市亚历山大年平均降雨量约200mm；南方地区夏季平均气温最高为42℃，最低为20.8℃，冬季平均气温最高为25.8℃，最低为9.6℃，早晚温差较大；沙漠地区气温可达40℃。

埃及全国27个省、8个经济区，每区包括一个或几个省。埃及首都开罗（Cairo）位于尼罗河三角洲顶点以南14km处，

北距地中海 200km，是埃及的政治、经济和商业中心。它由开罗省、吉萨省、盖勒尤比省组成，通称大开罗（Great Cairo），是阿拉伯和非洲国家人口最多的城市，世界十大城市之一。古埃及人称开罗为“城市之母”，阿拉伯人把开罗叫作“卡海勒”，意为征服者或胜利者。古埃及作为人类文明四大发源地之一，在人类社会发展史上占有重要地位。

2019 年，埃及人口为 10038.81 万人，人口密度为 100.2 人/km^2，城市化率为 42.7%。埃及国教为伊斯兰教，信徒主要是逊尼派，占总人口的 84%。科普特基督徒和其他信徒约占 16%。另有约 1000 万至 1400 万海外侨民。埃及官方语言为阿拉伯语。

2019 年，埃及可耕地面积为 291.1 万 hm^2，永久农作物面积为 92.5 万 hm^2，无永久草地和牧场面积，森林面积为 4.5 万 hm^2。

（二）经济

埃及是中低收入国家之一，属开放型市场经济，拥有相对完整的工业、农业和服务业体系。埃及是传统农业国，农村人口占全国总人口的 55%，农业从业人员约 550 万人，占全国劳动力总数的 31%。埃及主要农作物有棉花、小麦、水稻、玉米等，其中棉花是埃及最重要的经济作物，主要为中长绒棉（35mm 以下）和超长绒棉（36mm 以上），被称为“国宝”。经过近几年的改革，农业生产实现了稳定增长，是经济开放见效最快的部门。但随着人口增长，埃及仍需进口粮食，是世界上最大的粮食进口国之一，主要出口农产品为棉花、大米、土豆和柑橘。

埃及是非洲地区重要的石油和天然气生产国，石油和天然气的探明储量分别位居非洲国家中的第五位和第四位。埃及纺织工业产业链较完整，埃及东方纺织公司（Egypt Oriental Weavers Carpet Company）是世界上最大的机织地毯生产公司，年生产量达 1.1 亿 m^3，产量占埃及市场份额的 85%，占美国地毯市场的 25%，欧洲的 20%。埃及是非洲第二大生铁生产国，占非洲生铁总产量的 10%。钢铁行业为埃及支柱产业，产品主要应用于建筑、造船、汽车等行业。埃及历史悠久，名胜古迹很多，具

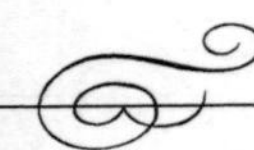

有发展旅游业的良好条件，政府非常重视发展旅游业。主要旅游景点有金字塔、狮身人面像、卢克索神庙、阿斯旺高坝（Aswan High）、沙姆沙伊赫等。

埃及的财政来源除税收外，主要依靠旅游、石油、侨汇和苏伊士运河四项收入。2019 年，埃及 GDP 为 3038.1 亿美元，人均 GDP 为 3026.36 美元。GDP 构成中，农业增加值占 11%，矿业制造业公用事业增加值占 30%，建筑业增加值占 6%，运输存储与通信增加值占 9%，批发零售业餐饮与住宿增加值占 16%，其他活动增加值占 28%。

2019 年，埃及谷物产量为 2413 万 t，人均 240kg。

二、水资源状况

（一）水资源

2017 年埃及年平均降雨量为 18.1mm，折合水量 181.3 亿 m^3。2017 年，埃及境内地表水资源和地下水资源量均为 5 亿 m^3，无重复计算水资源量，境内水资源总量为 10 亿 m^3，人均境内水资源量为 10.37m^3/人。2017 年埃及境外流入的实际水资源量为 565 亿 m^3，实际水资源总量为 575 亿 m^3，人均实际水资源量为 596.2m^3/人，见表 1。

表 1　　埃及水资源量统计简表

序号	项　目	单位	数量	备　注
①	境内地表水资源量	亿 m^3	5	
②	境内地下水资源量	亿 m^3	5	
③	境内地表水和地下水重叠资源量	亿 m^3	0	
④	境内水资源总量	亿 m^3	10	④=①+②-③
⑤	境外流入的实际水资源量	亿 m^3	565	
⑥	实际水资源总量	亿 m^3	575	⑥=④+⑤
⑦	人均境内水资源量	m^3/人	10.37	
⑧	人均实际水资源量	m^3/人	596.2	

资料来源：联合国粮农组织统计数据库。表中水资源量均指可再生水资源量。

（二）水资源分布

埃及的水文受尼罗（Nile）河控制，由阿斯旺高坝调控。尼罗河是埃及唯一的河流，也是唯一的地表水源，埃及段长1350km。尼罗河全长6650km，是世界第一长河，起源于东非高原，自南向北注入地中海，流经布隆迪、卢旺达、坦桑尼亚、乌干达、埃塞俄比亚、苏丹、埃及等7个国家，流域面积约335万km^2，占非洲大陆总面积的1/9。尼罗河所有径流几乎都位于埃塞俄比亚、乌干达和苏丹南部等多雨地区，上游各国拥有尼罗河超过80%的水电开发潜力，尼罗河下游属于干旱地区，主要是埃及和苏丹北部。尼罗河有两条主要支流，分别是白尼罗（White Nile）河和青尼罗（Blue Nile）河。受流域气候条件影响，尼罗河枯水期的径流系数过低（低于5%），致使年平均流量不高，仅为3100m^3/s。

（三）水能资源

1991年评估埃及的水能技术和经济可开发量约为500亿kWh，但发电量取决于尼罗河的流量、上游需求及灌溉需要等。

三、水资源开发利用

（一）开发利用与水资源配置

1. 水利发展历程

埃及的农业发展依赖于尼罗河。根据历史记载，埃及第十二代法老（约公元前2300年）在法尤姆盆地引发尼罗河洪水建造的人工湖——美利斯（Moeris）湖，是迄今为止世界上最早的人工湖。近年来，为满足人口剧增而带来的粮食供应紧缺问题，需要扩大耕地面积和提高单产。为此，埃及政府增建水利工程，提高对尼罗河水的调蓄能力。

先后在尼罗河干、支流上建成9座水利工程，其中水闸7座，水电站2座，有4座能够实现多目标利用。尼罗河上的阿斯旺高坝水库的总库容达1689亿m^3。

随着工业的发展，工业用水量将在现有基础上大幅度增加。此外，三角洲地区预计灌溉回归水的利用量可有较多增加。为此，埃及完成以下工程：

（1）在上游与其他国家合作项目。修建在乌干达和扎伊尔境内的阿伯特湖坝，使该湖成为多年调节水库。修建位于乌干达境内的基奥加湖节制阀，联合调控有多年调节能力的维多利亚湖和阿伯特湖。修建在埃塞俄比亚境内的塔纳湖坝，使该湖成为多年调节水库。建设琼莱（Jonglei）运河工程。

（2）在埃及境内的项目。建设新河谷工程，开发西部各绿洲，总面积约为 9 万 km^2。扩建阿斯旺老坝，增加装机容量 30 万 kW。加高老坝下游各级灌溉用闸，增建低水头电站，每年可增加发电量 12 亿～16 亿 kWh。抽吸纳塞尔水库内的淤泥，由管道送至下游，进行淤灌，可开垦新土地 60 多万 hm^2。

2. 水库

2017 年埃及大坝总库容为 1682 亿 m^3，人均大坝库容下降幅度较大，从 1980 年的 $3627m^3$ 减少到 2017 年的 $1744m^3$。

埃及运行中的坝有 9 座，其中大型坝 7 座，以阿斯旺高坝最为重要。阿斯旺高坝是世界七大水坝之一，位于埃及境内的尼罗河干流上，距离首都开罗约 800km，是一座综合性水利枢纽工程，具有灌溉、发电、防洪、航运和旅游等多重效益。大坝于 1970 年建成，总耗资约 9 亿美元。大坝由主坝、溢洪道和发电站三部分组成。主坝为黏土心墙堆石坝，最大坝高 111m，高坝总库容 1689 亿 m^3，水电站装机容量 210 万 kW，年发电量约 100 亿 kWh。

3. 供用水情况

2017 年，埃及取水总量为 775 亿 m^3，其中农业取水量占 79%，工业取水量占 7%，城市取水量占 14%。人均年取水量为 $804m^3$。2017 年，埃及 99.4%的人口实现了饮水安全，其中城市地区 100%的人口、农村地区 99%的人口实现了饮水安全。

（二）水力发电

1. 水电开发程度

作为目前世界上开发程度最小的大型河流之一，尼罗河水电资源开发潜力巨大。白尼罗河流经的维多利亚湖（Lake Victoria）和艾伯特湖（Lake Albert）之间有约 500m 落差，预计可产生的

水电装机容量超过400万kW。青尼罗河流经的塔纳湖（Lake Tana）在苏丹边境地区形成落差1300m的瀑布，预计可产生的水电装机容量超过800万kW。此外，该流域还有多个具备水电开发潜力的支流，包括巴罗河（Baro River）、阿特巴拉河（Tekezze River）以及上游的卡盖拉河（Kagera River）、塞姆利基河（Semliki River）等。

埃及电力供应以火电为主，占86.9%。全国电网覆盖率达99.3%，世界排名第28位。

2. **水电装机及发电量情况**

2012—2013年，埃及总装机容量3080.3万kW。埃及电网发电量从1999年的651.7亿kWh增加到2018年的1845.2亿kWh，年均增长5.67%。埃及近年来的水力发电量大幅波动，在1999—2018年期间趋于下降，2018年埃及的水电装机容量为287.6万kW，占非洲总装机容量的7.9%，水电净发电量为127.7亿kWh，占埃及总发电量的6.9%。

3. **水电站建设概况**

埃及的主要水电站有5座，其中包括阿斯旺高坝水电站（装机容量210万kW）、阿斯旺1级水电站（装机容量28万kW）、阿斯旺2级水电站（装机容量27万kW）等。此外，该国正在开发另一座大型水电项目——阿塔盖（Attaqa）抽水蓄能电站（装机容量240万kW），预计投资27亿美元，计划于2024年投产，这将成为埃及第一座大型抽水蓄能电站。

4. **小水电站**

埃及运行中的小水电站有2座，年发电量1050万kWh。另外，埃及还规划了13座小水电站，总装机容量2.95万kW。

（三）灌溉情况

埃及是传统农业国，农业是埃及国民经济的支柱产业。埃及的主要农作物区位于尼罗河三角洲和狭长河谷，该地区也是埃及的粮棉基地。埃及受尼罗河水恩泽，绝大部分耕地能常年灌溉，农业生产条件优越。作物一年二熟至一年三熟，是非洲农业集约化和单位面积产量最高的国家。

埃及灌溉系统分为田间灌溉工程和灌溉供水工程两部分。由于地区的气候特点，农业田间灌溉工程95%采用滴灌，5%采用喷灌；供水工程以尼罗河为水源，是密闭的管道供水，供水流量约为 $23m^3/s$。供水系统除满足流量要求外，还要满足水质及压力要求。在水质方面，要满足滴灌系统运行所要求的水质；在压力方面，以农田最小面积 100 费丹[1]为控制单元所设定的分水口，压力要达到 0.3MPa，充分满足田间灌溉工程的要求。每个分水口设有一个控制阀门和一个流量表，具备计量和控制能力，整个灌溉系统实现全自动监测控制与计量。对于小于 100 费丹的田块若要设置分水口，须由农户自己支付增加管道及分水口的全部建设费用。整个灌溉工程实行严格的用水计划。用水计划要在年初制订，不得改变。用水计划包括每个分水口每天的放水时间及放水量。

根据联合国粮农组织统计，2017 年，埃及有效灌溉面积为 382.3 万 hm^2，实际灌溉面积为 342.2 万 hm^2，实际灌溉比例为 89.5%。依靠地表水的灌溉面积为 284.3 万 hm^2，地下水的灌溉面积为 22.8 万 hm^2。

（四）洪水管理

1. 洪灾情况与损失

青尼罗河和阿特巴拉河的汇流量在尼罗河总来水量中占比最多，约占 72%。这两条河均发源于埃塞俄比亚高原。青尼罗河作为白尼罗河的天然水库可起到调节流量的作用，但尼罗河流量年内变化仍很大，变化幅度是平均流量的 80%～130%，从而造成了尼罗河一年一度的洪水。古埃及人民利用尼罗河的洪水漫灌，对古埃及的繁荣昌盛起了重大作用。然而，洪水为尼罗河两岸人民带来的灾难也不容小觑。如 1887 年出现的大洪水使尼罗河流域变成一片汪洋，村庄被淹，大量居民无家可归，损失惨重。

[1] 1 费丹≈0.42hm^2。

2. **防洪工程体系**

筑堤工程是埃及防洪的重要措施。埃及的堤防最初用尼罗河淤泥建成，随后逐步加固，在某些危险地段另建丁坝、分洪堤以及有横堤的第二道防洪堤，并整治河道，筑护坡。其中，埃及防洪堤的防洪标准是防御 10 年一遇的洪水。堤防形成的河槽的过流能力为 7 亿 m^3/d。护堤总长约为 2000km，堤防保护面积约为 182.1 万 hm^2。在阿斯旺高坝建成以后，纳塞尔水库调洪库容达 410 亿 m^3，通常该水库放出的水量不超过最大灌溉蓄水量，即 2.2 亿 m^3/d，仅在最大洪水时，才泄放 4.2 亿 m^3/d，洪水重现期是 500 年一遇。

3. **洪水管理新理念与实践**

埃及正在实施防洪预警（FPEW）项目，该项目的总体目标是减少频繁的洪水给人类带来的痛苦，同时保留洪水的环境效益。长期目标是建立一个综合的区域洪水管理方法，将流域、河流及其洪泛区和缓解措施整合到一个广泛的多用途框架内。防洪预警项目主要从四个方面优化洪水管理，减少洪水对该地区 200 多万人造成破坏的风险。

（1）建立区域洪水协调单位（FRCU），利用专业人员和技术办公设备增强区域协调，从而有效地系统化开展创新的洪水风险管理操作。

（2）试点、实施和评估了防洪和应急响应活动。

（3）增强埃及现有的洪水预警项目。

（4）启动数据库管理系统，用于洪水管理操作的区域数据共享，从而使专家能够访问和使用数据进行模型预测、调查、地形建模和水利建模。

四、水资源保护与可持续发展状况

（一）水污染情况

尼罗河三角洲及河谷区域快速城市化、城市及工业污水处理设施效能不足、农业排水处置和再利用效率低、固体废物管理落后或者缺乏以及人口控制不力等相关问题，在一定程度上导

致了水质下降。据估算，由水污染引起的健康及生活品质下降问题（死亡率、发病率和生活品质）造成的总损失约占国内生产总值（GDP）的0.9%。另外，自然资源损失（城市污水及工业污水对生态系统的破坏）约占GDP的0.1%。因此，水质管理（WQM）对于维持埃及的社会经济生活、保护埃及环境非常关键。

在埃及，不同水体水质问题的严重程度是不同的，主要取决于流量、利用模式、人口密度、工业化程度、可利用卫生设施、社会经济条件等因素。主要污染源为农业用水、生活用水及工业用水的回归水以及固体废物。

（二）水污染治理

埃及《全国水资源规划》（*National Water Resource Plan*）（2005—2017年）设定了水质管理的三个战略目标：一是防止污染物进入水体；二是无法避免污水进入水体时，对污染物进行处理；三是控制污染对健康及环境的影响。水质管理计划成功实施的推动因素包括强有力的执行机构、合适的水质标准与立法、有效的监测、足够的执法能力以及有效的宣传方案。水质管理最好由国家、州及地方政府部门及责任机构联合实施，同时以水质规划和政策作为辅助手段。

五、水资源管理体制、机构及其职能

埃及实行水资源统一管理。国家水资源和灌溉部（Ministry of Water Resource and Irrigation）是国家唯一一个可以批准使用尼罗河水、运河水、排水和地下水资源的部门，并控制和管理这些水利工程。它还具有对违反其管理规定者进行处罚的权力。农业及土地开发部（Ministry of Agriculture and Land Reclamation）和卫生部（Ministry of Health and Population）在水资源管理中也起着较为重要的作用，其中卫生部有权关闭不符合规定标准的饮用水生产厂家，同时负责起草各种用水的质量标准和污水排放标准。

为了协调水资源和水利工程管理中各部门的工作，埃及成立

了三个委员会，实行委员会例会制度。一个是水资源和灌溉部牵头的尼罗河最高委员会（The Supreme Committee of the Nile），一个是土地开发协调委员会（The Committee for Land Reclamation）。这两个委员会都实行每月例会制，定期指导和评价各种工作计划，协调解决部门间的工作矛盾。第三个是跨部门水资源规划委员会（The Inter - Ministerial Committee on Water Planning），主要解决水资源规划中的问题，并负责规划的编制和发展计划的评估。

六、水法规和水政策

1. 制定综合水法，设立梯度水价

埃及水资源综合管理立法已有 30 多年的历史，1975 年，埃及就颁布了首部综合用水法规，并根据用水用途和用水地区的不同，设立梯度水价。农业用水一直实行免费制度；对城市居民用水，收入高的住宅区水价高，反之则低，有的甚至是象征性地收费，以调节水资源合理利用。

2. 水管理权交予农民，促进节水技术研发和推广

自 1996 年开始成立农民用水者协会（Water User Associations）以来，国家将农业灌溉的各级渠系交给用水者协会管理，并负责节水灌溉技术的培训及渠系维护运行等，其费用由农民根据作物灌溉面积分配负担。把水管理权交予农民，这样既调动了农民管水的积极性，又保证了农业先进基础设施和灌溉技术的研究与应用。同时，积极实施国家灌溉系统改进项目，将传统漫灌改为喷灌、滴灌系统，有效提高了农业灌溉效率和农田灌溉面积，从而节约了水资源利用量，增加了农作物产量。

3. 推行旱作农业，综合利用多种水资源

通过减少水稻的种植面积，改种小麦、玉米、甜菜等耗水少的作物，并由政府加大对水稻等耗水量大的农作物的进口等举措，达到了增水的效果。综合考虑不同用途水，开展农业排水、工业污水、生活污水的处理与回用，并积极开展非常规水资源（雨洪水和海水淡化）的开发，加强多种水资源的综合利用。

4. **推进水利、调水工程建设，增加可耕地面积**

埃及于1970年修建的阿斯旺高坝，起到了优化尼罗河水资源配置的作用，有效控制了尼罗河河水泛滥，在水力发电、农业灌溉、养殖及航运方面均给埃及带来了极大的经济效益。为解决埃及人口多、耕地少的问题，政府实施了大型调水工程，即和平渠工程和新河谷水渠工程。其中，和平渠工程的实施可新增25万hm^2耕地，为150万人提供生活用水，有效缓解了埃及粮食短缺境况；而新河谷水渠工程则建立了新的人口聚集点，缓解了城市人口压力。

七、水利国际合作

1959年埃及与苏丹签署了充分利用尼罗河水协定；苏丹与埃塞俄比亚在1991年签订了分享尼罗河水资源条约。自2010年伊始，埃及相继开展与尼罗河上游国家数十亿美元的合作项目，其中涉及建设水电站、修建饮水设施、人才交流等多方面大范围的合作，不仅帮助上游国家实现发展，加强双边关系，同时不断增强尼罗河沿岸国家的合作意识。

中国水利部与埃及水资源管理部门已签署水利合作条约，在节水灌溉、饮水安全、水资源配置、水利人才培养与能力建设等领域开展务实友好的合作。

埃塞俄比亚

一、自然经济概况

（一）自然地理

埃塞俄比亚全称是埃塞俄比亚联邦民主共和国（The Federal Democratic Republic of Ethiopia），位于非洲东北部，是东非的一个半岛，在亚丁湾南岸，向东伸入阿拉伯海数百公里。埃塞俄比亚号称非洲之角，因其如犀牛角状向印度洋突入而得名。

埃塞俄比亚每年 2—5 月为小雨季，6—9 月为大雨季，7—8 月雨量尤为集中。10 月至翌年 1 月是旱季。降雨量分布受地形影响显著，一般是西南多于东北，高地多于低地。国土西南部面迎西南气流，多地形雨，年降雨量 1500mm 以上。西部高原年降雨量多在 1000mm 以上，其北部减至 1000mm 以下。境内其余部分处于雨影区，年降雨量在 500mm 以下，许多地区不到 200mm。植被分布深受地形与气候条件制约。热带稀树草原是埃塞俄比亚高原的主要植被类型。500m 以下的低地有荒漠、半荒漠。森林约占全国总面积的 7.2%。西南部低高原及河谷低地为山地热带雨林和常绿-落叶混交林，往上依次为亚热带罗汉松林、温带桧树林、山地竹林，3000m 以上为高山灌丛和高山草地。

埃塞俄比亚是非洲最古老的非殖民地国家，占地面积 110.36 万 km^2。2020 年人口总数达 1.12 亿人，相比 2010 年的 8763 万人增加 31.2%，在非洲排名第二，仅次于尼日利亚。80%～90%的地表水分布在埃塞俄比亚西部和西南部的四个流域，其余不到 20%的地表水来自东部和中部的流域，但是这里却居住着 60%的人口。

埃塞俄比亚 11200 万 hm^2 的土地在非洲排名第十位。在这些土地中，可耕地面积为 1618.7 万 hm^2，占总面积的 14.5%；永久农作物面积为 171.6 万 hm^2，占总面积的 1.53%；永久草地和牧场面积为 2000 万 hm^2，占总面积的 17.9%；森林面积为 1721.45 万 hm^2，占总面积的 15.4%；灌溉面积 78.86hm^2，占总面积的 0.7%。

（二）经济

埃塞俄比亚是东非地区大国，有 3000 多年的文明史，首都亚的斯亚贝巴是埃塞俄比亚政治、经济和文化中心，联合国非洲经济委员会和非洲联盟总部所在地，被誉为“非洲的政治首都”，在非洲具有独特的政治地位。埃塞俄比亚是农业大国，农业吸收了将近 85%的劳动力并贡献了超过 40%的 GDP。农业是埃塞俄比亚的经济基础，在 2013—2014 财年中约占国内生产总值的 39.9%，创造了 90%的外汇收入和 85%的就业岗位。总的来说，埃塞俄比亚的整体经济增长与农业领域的表现密切相关。

自 2011 年起，埃塞俄比亚 GDP 以及人均 GDP 均处于持续增长状态。2020 年，埃塞俄比亚 GDP 为 818 亿美元，人均 GDP 为 765.53 美元。GDP 构成中，农业增加值占 35%，矿业制造业公用事业增加值占 7%，建筑业增加值占 19%，运输存储与通信增加值占 4%，批发零售业餐饮与住宿增加值占 17%，其他活动增加值占 18%。

二、水资源状况

埃塞俄比亚水资源非常丰富，境内河流湖泊较多，在非洲水能资源总量排名第二，号称“东非水塔”。埃塞俄比亚境内共有 12 个主要流域和 12 个大型湖泊，水域面积 10.4 万 km^2，水资源呈现出西多东少的特点。2018 年埃塞俄比亚境内地表水资源量约为 1200 亿 m^3，地下水资源量约为 200 亿 m^3，重复计算水资源量约为 180 亿 m^3，境内水资源总量为 1220 亿 m^3，人均境内水资源量为 1117m^3/人。实际水资源总量为 1220 亿 m^3，人均实际水资源量为 1117m^3/人（表 1）。

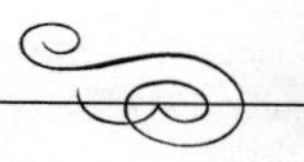

表 1　　埃塞俄比亚水资源量统计简表

序号	项　　目	单位	数量	备　注
①	境内地表水资源量	亿 m^3	1200	
②	境内地下水资源量	亿 m^3	200	
③	境内地表水和地下水重叠资源量	亿 m^3	180	
④	境内水资源总量	亿 m^3	1220	④=①+②-③
⑤	境外流入的实际水资源量	亿 m^3	0	
⑥	实际水资源总量	亿 m^3	1220	⑥=④+⑤
⑦	人均境内水资源量	m^3/人	1117	
⑧	人均实际水资源量	m^3/人	1117	

资料来源：联合国粮农组织统计数据库。表中水资源量均指可再生水资源量。

由于不同的地质构造和气候条件，埃塞俄比亚具有大量的水资源和湿地生态系统：11 个主要淡水湖和 9 个主要咸水湖，4 个火山湖，12 个主要湿地和 96 条河流，以及若干人造水库，有着 1220 亿 m^3 的地表水（利用率 3%）和 26.1 亿 m^3（利用率 2.6%）的地下水水源潜力。埃塞俄比亚大部分湖泊位于裂谷盆地。所有天然湖泊和人工湖地表水总面积约 7500km^2，且大部分盛产鱼类。

三、水资源开发利用

（一）水利发展历程

埃塞俄比亚开发水电的年代较早，在海尔·塞拉西一世时期，就进行了水坝的修建。如 1939 年埃塞俄比亚在首都亚的斯亚贝巴附近的阿卡基河（位于亚的斯亚贝巴以西 300km）修建了第一座水电站阿巴-塞穆尔（Aba - Samuel）水电站，主要满足首都的电力需求。该坝由砌石、混凝土等修建而成，属于重力坝，坝高约 22m，长 300m，于 1953 年增装 1 台机组，总装机量为 6000kW，后来又加装 1 台 600kW 机组。阿巴萨穆埃尔水电站在 20 世纪 70 年代运行困难，输水建筑物等受到损害，长期处于停运状态。21 世纪以来，伴随着经济的发展、水电开发成本及技术门槛的降低等，埃塞俄比亚加大了水电开发力度，水力发

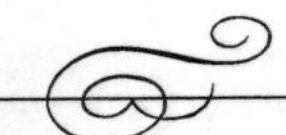

电量不断上升，但所占比重在部分年份有所下滑。2006年，埃塞俄比亚宣布投入14多亿美元来支持电力项目的发展，对芬恰等地区的河流进行治理，建立发电能力为42万kW的水电站。2016年，埃塞俄比亚电力公司表示，目前埃塞俄比亚水力发电占到总电力的98%，并逐渐推进能源的多样化发展。

（二）开发利用与水资源配置

1. 开发利用概况

水力发电是埃塞俄比亚电力发展的重点领域，为促进水电开发，埃塞俄比亚政府先后建设了多个水电项目。水利、灌溉及电力部表示，自2010年以来，埃塞俄比亚政府已在奥罗莫州、提格雷州、南方人民民族州等地区建立了27座小型水电站，惠及居民达30万人。1960年，埃塞俄比亚修建了科卡水电站，这是埃塞俄比亚国内第2座水电站，位于阿瓦什河流域，地处埃塞俄比亚首都东南部约90km，装机容量为4.3万kW。20世纪90年代，埃塞俄比亚主要水电站有芬恰（Fincha）水电站，年发电量6200亿kWh；梅尔卡瓦克纳水电站，年发电量4500亿kWh；阿瓦什3号水电站，年发电量1000亿kWh；可卡水电站，年发电量7500万kWh；阿瓦什2号水电站，年发电量6300万kWh；蒂斯阿巴伊水电站，年发电量3400万kWh。2012年，中国对阿巴-萨姆尔水电站进行援建修复。该水电站于2016年11月正式投入使用，发电运营，总装机容量为0.66万kW。据统计，截至2017年，埃塞俄比亚全国蕴藏水力资源总量约650000GWh/年，技术可开发容量48030MW，全国已建、在建水电站装机容量10068MW，占技术可开发量的20.9%，开发程度较低。

2. 大坝和水库

2010年埃塞俄比亚在非盟首脑会议上，重申了“2020水电工程”。埃塞俄比亚复兴（Renaissance）大坝项目由意大利萨利尼公司承建，由埃塞俄比亚金属工程公司和法国、意大利公司联合施工，坝址距离苏丹约32km，装机容量600万kW，大坝高170m，长1800m，坝顶海拔645m，体积1000万m^3，投资额计48亿美元。该项目蓄水容量为630亿m^3，蓄水面积为1800km^2，

这与青尼罗河的年径流量大致持平。截至 2020 年 2 月，复兴大坝已完成总工程量的 71.2%，同年 7 月，埃塞俄比亚总理办公室发布声明确认第一年蓄水目标已完成。

除此之外，埃塞俄比亚大型的水坝项目还包括特克泽（Tekeze）水电站、戈巴（GEBA）水电站、芬恰-阿莫提-奈舍（Fincha - Amerti - Neshe）水电站等。特克泽坝水电项目位于埃塞俄比亚的特克泽河上，建设坝高 185m，容量 30 万 kW，投资 3.5 亿美元，2002 年开工建设，2007 年进行了试运行。戈巴水电站是埃塞俄比亚第一个 5 年计划的重点项目，由两个水电站组成，项目总装机容量约 37 万 kW。芬恰-阿莫提-奈舍水电站建立在奥罗莫州的奈舍河上，总装机容量将近 10 万 kW。2015 年，埃塞俄比亚政府仅在阿姆哈拉（Amhara）州就建设了 60 个小型水坝，并继续推进小型水坝建设，以满足电网未覆盖地区居民的用电需求。

3. **供用水情况**

埃塞俄比亚取水总量自 2002 年来呈递增上升趋势，其中，农业取水总量占比较高，其次是城市取水总量和工业取水总量。2017 年，埃塞俄比亚取水总量为 105 亿 m^3/年。其中，农业取水量为 96.9 亿 m^3/年，占取水总量的 92.3%；工业取水量为 0.5 亿 m^3/年；城市取水量为 8.1 亿 m^3/年。人均取水总量为 99.14m^3/（人·年），相比 2016 年降低 1.36%。

埃塞俄比亚政府数据表明，农村水源覆盖率由 1990 年的 11%上升到 2015 年的 62%。2013 年，在埃塞俄比亚仅有约 39%的人口能够喝到安全的饮用水；在首都亚的斯亚贝巴有一半的人口正在遭受着水供应不足和不可持续发展的窘况。

（三）水力发电

1. **水电开发程度**

截至 2018 年，埃塞俄比亚的水电开发潜力高达 4500 万 kW，其中预计 3000 万 kW 为经济可开发量，相当于 1620 亿 kWh 的发电量。同时，由于埃塞俄比亚使用了多种规模的水电系统，其探索水电潜力的成本相对较低，计划发电厂的电力平均成本估计

为 0.067 美元/kWh，是世界上最低的国家之一。埃塞俄比亚发展水力发电的河流占据整个境内。在发电量方面，埃塞俄比亚水力发电量呈逐年上升趋势。1990 年埃塞俄比亚水力发电量为 10.62 亿 kWh，之后每年都在小幅度增长，2000 年达到了 16.46 亿 kWh，增长量为 5.84 亿 kWh，2000 年的发电量是 1900 年的 1.5 倍，但年均增长率较小。在水力发电的比重方面，埃塞俄比亚水力发电在总发电量的占比很大，总体呈现上升趋势，是埃塞电力供应的主要来源。1990 年水电的比重为 88.35%，2000 年比重增长至 98.33%，上升了 9 个百分点。

埃塞俄比亚水电蕴藏量丰富。据估计，该国年水电总蕴藏量约为 650 亿 kWh，其中年经济可开发量约 162 亿 kWh。该国巨大的水电蕴藏量远远超过可预见的国内需求。至今，仅约 4%（197.8 万 kW）的水电蕴藏量得以开发，水电约占该国总发电量的 91%。2013 年，水电站发电量为 8.717 亿 kWh，而该国总发电量为 9.579 亿 kWh。目前在建的大型水电站总装机容量为 812.4 万 kW，主要包括吉比Ⅲ（187 万 kW）、格纳莱达瓦Ⅲ（25.4 万 kW）及复兴（600 万 kW）等水电站。截至 2020 年，埃塞俄比亚水电站总装机通量（包括抽水蓄能电站达到 4074MW）。

2013 年，意大利国有供水设施建设公司（WWDSE）就塔姆斯（Tams）水电站（装机 106 万 kW）的可行性研究签署合同，该水电站位于邦加和甘贝拉盆地之间的巴罗-阿科博（Baro-Akobo）河上。此外，装机容量 200 万 kW 的门达雅（Mendaia）和装机容量 210 万 kW 的贝科阿布（BekoAbu）项目为区域性项目，在尼罗河流域倡议框架内实施。

2. **小水电**

约 10%的水电经济可开发量适合开发小水电站。目前运行中的小水电站有 3 座，总装机容量 6150kW。此外，正在运行的微型水电站有 30 座，主要用于粮食加工。地方政府也正在开展小水电站项目的研究工作。政府已委托 WWDSE 公司开展奥罗米亚地区小水电开发潜力研究。目前，该国运行中的风电装机容量为 17.1 万 kW，另外 3 座风力发电站在建，总装机容量为

55.3 万 kW。同时还有 1 座装机容量为 0.7 万 kW 的地热电站在运行，1 座装机容量为 7 万 kW 的地热电站 2015 年前后完工，以及 1 座装机容量为 5 万 kW 的垃圾焚烧电站等。

四、水资源管理

埃塞俄比亚是世界上人均水资源量相对较低的国家之一，与法国、圭亚那等水资源量丰富的国家相比，人均水资源量约相差 500 倍之多。同时埃塞俄比亚也是世界上供水水质最差的国家之一。

2005 年埃塞俄比亚水资源部划拨 7.16 亿比尔（埃塞俄比亚货币）用于灌溉、安全供水和流域等开发，是过去投入的 5.5 倍。项目包括塔纳湖地区灌溉开发的可行性研究；吉尔格尔海湾项目的初步设计；杰玛（Jema）、利浦（Rib）、梅格西（Megech）大坝的建设；休姆拉和阿基奥得德萨（Arjo Dedesa）地区灌溉项目的初步设计；克塞姆（Kesem）、坦达欧（Tendaho）大坝以及灌溉设施开发项目的建设；瓦彼舍卑勒（WabiShebele）流域灌溉开发项目的设计和可行性研究。水资源部已经在欧若米亚（Oromia）阿姆哈拉、提格瑞（Tigray）、本尼山古-古目（Benishangul-Gumuz）、甘巴拉和南部人口少于 15000 人的各个城镇展开相关职员的招募工作，致力于改善城市安全供水问题和卫生项目。随着 21 世纪与国际上诸多国家开展合作以来，水电站、大坝工程建设逐渐增多，在水资源管理方面的投入预计会进一步加大。

五、水法规与水政策

埃塞俄比亚制定了保护各类水资源的相关法律。如 2007 年颁布的《森林法》规定，如为了水土保持、保护水源和水利工程或者为了防洪和防护海滩而必须建设永久性植物覆盖区时，农业部长可以颁布防护林文告。《水法》规定，国家可以建立保护地区，由政府水利机构颁布具体规定，禁止在水利设施及其集水区内洗涤、洗澡和投放杂物。国家可在共同改良地区建设灌溉工程。在发生意外情况时，国家上下水管理当局有权征用泉眼、水

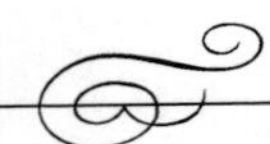

井、河流和其他水源以及任何供水设施，以应付某些紧急情况。提供设施和设备的所有者，有权对这种征用提出适当的赔偿要求，对于意外情况下发生的财产损失，当事人可以索取适当的赔偿。

六、国际合作情况

近年来，随着尼罗河上游国家人口不断增加和经济建设规模不断扩大，这些国家对水的需求日益增长，因而迫切要求改变现状，对水资源份额重新进行分配，以使上下游国家享受平等权利。尼罗河沿岸国对水资源的争端主要在于水量分配及利用问题。2010 年签订的《尼罗河合作框架协议》就尼罗河水的使用权对 1929 年协议和 1959 年协议提出了新的挑战。根据 2010 年协议，尼罗河流域的埃塞俄比亚、乌干达、卢旺达、坦桑尼亚和肯尼亚等国均等分享尼罗河水资源，并有权在不事先告知埃及和苏丹的情况下建设水利工程。

自 1997 年起，埃塞俄比亚政府宣布启动在青尼罗河流域建造堤坝和运河的“千禧年计划”（Grand Millennium Dam Project）。同时，埃塞俄比亚政府通过加强与世界银行、国际货币基金组织等国际组织和包括中国在内的拥有丰富水电开发经验的国家合作，在青尼罗河上建立了多座小型堤坝，进行水力发电。1999 年成立的尼罗河流域国家组织（NBI），以平等的使用并获益于共同的尼罗河水资源来实现实际的社会经济发展的共同理念为指导。2001 年成功举行的尼罗河国家合作国际联合会第一次会议，展示了其战略行动计划，拟积极开展国际合作。2002 年设立的东尼罗河流域专家委员会办公室负责对《东尼罗河工作计划》中涉及的联合水利工程开展研究，这些水利工程涵盖防洪、发电等领域。2004 年，埃及、苏丹和埃塞俄比亚就尼罗河水资源利用问题达成和解，在尼罗河上游流域，相关各国通过与下游流域国家的合作，把开发利用水资源和解决本国贫困问题结合起来，加大发电、供电设施和水利灌溉设施的建设，缓解了本国电力供应紧张、农业发展落后的局面。

安 哥 拉

一、自然经济概况

（一）自然地理

安哥拉全称安哥拉共和国（The Republic of Angola），位于非洲西南部，北邻刚果（布）和刚果（金），东接赞比亚，南连纳米比亚，西濒大西洋。安哥拉国土面积124.67万km^2，海岸线长1650km。安哥拉地势东高西低，主要由平原、丘陵和高原组成。平原地区呈带状沿海分布，最高海拔400m，最大宽度200km；内陆高原地区约占国土面积的65%，平均海拔1000～1600m，位于中西部地区的莫科峰（Monte Moco）为最高山峰，海拔2620m，第二高峰梅科峰（Monte Meco）高2583m。安哥拉主要盆地有扎伊尔（Zaire）盆地、宽扎河（Cuanza River）盆地、库内内（Cunene）盆地和赞贝泽（Alto Zambeze）盆地。

安哥拉北部大部分地区属热带草原气候，南部属亚热带气候，高海拔地区属温带气候。每年10月至次年4月为雨季，平均气温33℃；5—9月为旱季，平均气温24℃。年均降雨量约400mm，由东北高原地区最高1500mm逐渐向西南沙漠地区50mm递减。

安哥拉全国分为18个省，首都为罗安达（Luanda）。

2019年，安哥拉人口为3182.53万人，人口密度为24.7人/km^2，城市化率为66.2%。安哥拉主要民族有奥温本杜（约占总人口的37%）、姆本杜（25%）、巴刚果（13%）、隆达等。首都罗安达人口密度最大，卡宾达人口密度最小。官方语言为葡萄牙语，有42种民族语言，主要民族语言有温本杜语（中部和南部

地区）、金本杜语（罗安达和内陆地区）和基孔戈语（北部地区）等。49%的人信奉罗马天主教，13%的人信奉基督教新教，其余人口大多信奉原始宗教。

2019年，安哥拉可耕地面积为490万hm^2，永久农作物面积31.5万hm^2，永久草地和牧场面积5173.7万hm^2，森林面积6771.75万hm^2。

（二）经济

安哥拉属最不发达国家。有一定的工农业基础，但连年战乱使基础设施遭到严重毁坏，经济发展受到较大影响。2002年内战结束后，政府将工作重点转向经济恢复和社会发展，努力调整经济结构，加大基础设施建设，优先投资关系国计民生的社会发展项目；同时积极开展同其他国家的经贸互利合作，为国家重建吸引外资。安哥拉现为撒哈拉以南非洲第四大经济体和最大引资国之一。

安哥拉石油、天然气和矿产资源丰富。安哥拉已探明石油可采储量超过126亿桶，天然气储量达7万亿m^3。2006年12月，安哥拉加入石油输出国组织（欧佩克）。随着国际市场原油价格攀升，安哥拉石油出口收入大幅增加。安哥拉主要矿产有钻石、铁、磷酸盐、铜、锰、铀、铅、锡、锌、钨、黄金、石英、大理石和花岗岩等。安哥拉水力、农牧渔业资源较丰富。石油和钻石开采是安哥拉国民经济的支柱产业，钻石储量约1.8亿克拉，为世界第五大产钻石国。主要工业还有水泥、建材、车辆组装和修理、纺织服装、食品和水产加工等。安哥拉土地肥沃，河流密布，发展农业的自然条件良好。安哥拉独立前，粮食不仅自给自足，还大量出口，被誉为“南部非洲粮仓”，其剑麻和咖啡出口量位居世界前列。但数十年内战使安哥拉农业生产体系遭受严重破坏，近一半的粮食供给依赖进口或援助。安哥拉北部为经济作物产区，主要种植咖啡、剑麻、甘蔗、棉花、花生等作物；中部高原和西南部地区为产粮区，主要种植玉米、木薯、水稻、小麦、土豆、豆类等作物。安哥拉建立了国家公园和保护区，如罗安达省奎卡玛国家公园、莱多角旅游区，马兰热省卡兰杜拉旅游

区，宽多库帮戈省奥卡万戈旅游区，莫西科省卡米亚国家公园等。安哥拉与赞比亚、津巴布韦、博茨瓦纳和纳米比亚建立了跨境自然环境保护区。大黑羚羊（Black Antelopes）是安哥拉独有的动物，也是安哥拉国家的标志和象征。

2019 年，安哥拉 GDP 为 894.17 亿美元，人均 GDP 为 2809.62 美元。GDP 构成中，农业增加值 10%，矿业制造业公用事业增加值占 32%，建筑业增加值占 13%，运输存储与通信增加值占 4%，批发零售业餐饮与住宿增加值占 21%，其他活动增加值占 20%。

2019 年，安哥拉谷物产量为 291 万 t，人均 92kg。

二、水资源状况

（一）水资源

2017 年安哥拉年平均降雨量为 1010mm，折合水量 12590 亿 m^3。2017 年，安哥拉境内地表水资源和地下水资源量分别为 1450 亿 m^3 和 580 亿 m^3，扣除重复计算水资源量（550 亿 m^3），境内水资源总量为 1480 亿 m^3，人均境内水资源量为 4964m^3/人；境外流入的实际水资源量为 4 亿 m^3，实际水资源总量为 1484 亿 m^3，人均实际水资源量为 4977m^3/人（表 1）。

表 1　　安哥拉水资源量统计简表

序号	项　目	单位	数量	备　注
①	境内地表水资源量	亿 m^3	1450	
②	境内地下水资源量	亿 m^3	580	
③	境内地表水和地下水重叠资源量	亿 m^3	550	
④	境内水资源总量	亿 m^3	1480	④=①+②-③
⑤	境外流入的实际水资源量	亿 m^3	4	
⑥	实际水资源总量	亿 m^3	1484	⑥=④+⑤
⑦	人均境内水资源量	m^3/人	4964	
⑧	人均实际水资源量	m^3/人	4977	

资料来源：联合国粮农组织统计数据库。表中水资源量均指可再生水资源量。

（二）分区分布

安哥拉境内河流由中央的比耶高原向四周流动，北流多属刚果河支流。东南流多注入三比西河。西南流的库内河下游构成和纳米比亚的界河。西流的河流均注入大西洋，以库安沙河为最大，均由罗安达入海。

（三）河川径流

安哥拉水资源丰富，较大河流约 30 条，主要河流有宽扎（Cuanza）河、库邦戈（Cubango）河、库内内（Cunene）河和刚果（Congo）河等。从分布特点上来看，安哥拉境内西部和西南部地区的河流具有较为优越的开发条件和开发价值。从水能蕴藏量来看，宽扎河水力资源最丰富，其次为库沃（Cuvo）河，再次为库内内河、卡通贝拉（Catumbela）河、隆噶（Longa）河等（表 2）。

表 2　　安哥拉境内主要河流分布情况

<table>
<tr><th>名　称</th><th>地　域</th><th>汇入水系</th></tr>
<tr><td>卢恩贝（Loon Bay）河</td><td rowspan="6">北部</td><td rowspan="6">刚果河-开赛河
（刚果金）</td></tr>
<tr><td>希温贝（Chiumbe）河</td></tr>
<tr><td>希卡帕（Chicapa）河</td></tr>
<tr><td>卢安盖（Luange）河</td></tr>
<tr><td>奎卢（Kwilu）河</td></tr>
<tr><td>宽果（Kwango）河</td></tr>
<tr><td>卢埃纳（Luena）河</td><td rowspan="6">东、南部</td><td rowspan="4">赞比西河
（赞比亚）</td></tr>
<tr><td>隆圭本古（Lungwebungu）河</td></tr>
<tr><td>卢安京加（Luanginga）河</td></tr>
<tr><td>宽多（Kwando）河</td></tr>
<tr><td>奎托（Cuito）河</td><td rowspan="2">奥卡万戈河
（纳米比亚）</td></tr>
<tr><td>库邦戈（Cubango）河</td></tr>
<tr><td>姆布里杰（Mbridge）河</td><td rowspan="2">西、南部</td><td rowspan="2">大西洋</td></tr>
<tr><td>洛热（Loge）河</td></tr>
</table>

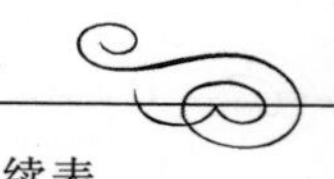

续表

名　称	地　域	汇入水系
丹德（Dande）河	西、南部	大西洋
宽扎（Cuanza）河		
隆噶（Longa）河		
库沃（Cuvo）河		
卡通贝拉（Catumbela）河		
科波罗洛（Coporolo）河		
库内内（Cunene）河		

资料来源：严存库，浅谈对安哥拉水电市场开拓的体会，西北水电 2019，05（002）。

（四）水能资源

安哥拉河流多且落差较大，水量充沛，水能资源极其丰富，位居非洲国家前列。水能资源理论蕴藏量为 1500 亿 kWh/年，技术可开发量达 1826.7 万 kW。

三、水资源开发利用

（一）开发利用与水资源配置

1. 大水库

2015—2017 年，安哥拉大坝总库容稳定在 94.5 亿 m^3 左右。人均库容约为 317m^3。

文献资料显示，该国共有 22 座水库，其中土石坝 3 座，其余为混凝土坝。由于战争原因，坝高 40m 的马布巴斯（Mabubas）等水库已停运。坝高 56m 的戈夫（Gove）水库在战争中受到破坏，但在 2012 年年中恢复运行。坝高 20m 的马特拉（Matala）水库和坝高 13m 的比奥皮奥（Biopio）水库也受到不同程度的损坏。

2. 供用水情况

2017 年，安哥拉取水总量为 7.1 亿 m^3，其中农业取水量占 21%，工业取水量占 34%，城市取水量占 45%。人均年取水量

为 $24m^3$。2017 年，安哥拉 49%的人口实现了饮水安全，其中城市地区和农村地区分别为 75.4%和 28.2%。

（二）水力发电

1. 水电开发程度

安哥拉水能资源非常丰富，目前已开发（含在建水电站）的装机容量约占技术可开发量的 30%。其中最有潜力开发的蕴藏量为 650 亿 kWh/年，分布在北部宽扎河流域、中部卡通贝拉河流域及南部库内内河流域。

2. 水电装机及发电量情况

安哥拉的净发电量从 1999 年的 1.3 亿 kWh 增加到 2018 年的 116.9 亿 kWh，其中 2013 年年增长率达到最大值，为 32.18%，到 2018 年增长率降为 9.46%。安哥拉水电净发电量从 1999 年的 8.9 亿 kWh 增加到 2018 年的 86.5 亿 kWh，年均增长 13.44%。2018 年，安哥拉的水电装机容量为 308.3 万 kW，占非洲总装机容量的 8.5%，水电净发电量为 86.5 亿 kWh，占全国总发电量的 74%。安哥拉政府的既定目标是到 2025 年将其水力发电能力大幅增加到 900 万 kW。

3. 水电站建设概况

安哥拉的水电开发主要位于该国最大的河流宽扎河以及该国南部靠近纳米比亚边境的库内内河上。

宽扎河流域目前已建成 4 座水电站，分别为装机容量 52 万 kW 的卡潘达（Capand）水电站、装机容量 206 万 kW 的拉乌卡（Lauca）水电站、装机容量 26 万 kW 的卡邦贝（Cambembe）1 水电站和装机容量 70 万 kW 的卡邦贝（Cambembe）2 水电站。

库内内河流域已建成 3 座水电站，分别为装机容量 5.76 万 kW 的戈夫（Gove）水电站、装机容量 24 万 kW 的鲁阿卡纳（Ruacana）水电站和装机容量 4.08 万 kW 的马塔拉（Matala）水电站。

库沃河流域目前尚无已建水电站，规划有 7 座水电站项目，总装机容量为 253.1 万 kW。

隆噶河流域目前尚无已建水电站，规划有 7 座水电站项目，

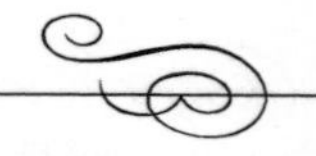

总装机容量为 118.3 万 kW。

（三）灌溉情况

据联合国粮农组织资料显示，2017 年，安哥拉有效灌溉面积为 8.6 万 hm^2，实际灌溉面积为 1.2 万 hm^2，实际灌溉比例为 13%。依靠地表水的灌溉面积为 6.8 万 hm^2，依靠地下水的灌溉面积为 1.7 万 hm^2。

四、水资源管理体制、机构及其职能

安哥拉水资源方面的政策制定、开发、协调和监管由安哥拉能源水利部（MINEA）负责。安哥拉的电力企业主要是国有化的国家电力公司。安哥拉水电项目开发权由安哥拉能源水利部代表国家审批。

五、水政策

安哥拉原属葡萄牙殖民地，引用了葡萄牙水管理立法体系。安哥拉水法是 1946 年由殖民地管理公用水的立法机构制定的，由地方长官修订完成。水法将水分为公共水和私人水，水管理权集中在公用事业部门，并规定公共水用水的优先权顺序是：①饮水和卫生；②灌溉；③其他用途。法律还规定了给予用水权的程序：民用水，其中包括动物饮水，允许自由使用；影响公共利益的大量引水必须经过特别许可；少量用水只需要简单的许可证。另外，法律还对研究、勘查用水的优惠特许证作出了规定。

六、水利国际合作

由于历史、地理、语言及文化等原因，安哥拉优质的水电项目大多掌控在葡萄牙和巴西等国家的企业手中。葡萄牙和巴西的企业在安哥拉拓展业务时具有语言优势和文化优势，本地化程度较高。巴西 Odebrecht 公司是安哥拉市场中最成功的外国承包商之一，其大约一半的业务都在安哥拉，安哥拉目前最大的水电站——卡潘达水电站（52 万 kW）就是由它建设的。

近年来中安两国不断深化各领域合作，中国是安哥拉最大的

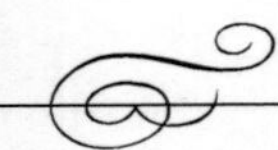

贸易伙伴，安哥拉是中国在非洲的第二大贸易伙伴。到目前为止，安哥拉是中国在非洲开展投融资合作和基础设施建设合作最多的国家之一，项目涵盖各个基础设施领域。目前在安哥拉开展业务的中国企业（简称）主要有：中国电建、中国机械设备进出口总公司、华为、广西水电、中铁四局、中铁二十局、中交集团、中电子、中地海外、葛洲坝等。特别是 2017 年，葛洲坝承建了安哥拉当时最大的水电站项目——卡古路·卡巴萨（Caculo - Cabaca）水电站（217 万 kW），合同总金额为 45.32 亿美元，安哥拉能源水利部部长表示该项目在解决电力短缺方面起到积极的作用。

博茨瓦纳

一、自然经济概况

（一）自然地理

博茨瓦纳全称博茨瓦纳共和国（The Republic of Botswana），是位于非洲南部的内陆国家，首都为哈博罗内（Gaborone）。博茨瓦纳总面积为58.173万km^2。博茨瓦纳地处南非高原中部的卡拉哈里（Kalahari）盆地，地势东高西低，平均海拔1000m左右。东接津巴布韦，西连纳米比亚，北邻赞比亚，南界南非。中部和西南部为卡拉哈里沙漠，占全国总面积的70%；东南部和弗朗西斯敦周围为丘陵地带；西北部的奥卡万戈为内陆三角洲沼泽地；北部乔贝河流域河渠交错，遍布沼泽、河流、湖泊，植被相对茂密，大量野生动物在此栖息。

博茨瓦纳大部分地区属热带草原气候，南回归线贯穿境内，西部为沙漠，属沙漠、半沙漠气候。年均气温21℃，分雨旱两季，雨季炎热，旱季干冷，昼夜温差大。10月至次年4月为雨季（湿热季），5—9月为旱季（干冷季）。1月为最热月份，白天平均气温33℃，最高时达43℃，夜间平均气温18℃。7月为最冷月份，平均最高气温22℃，平均最低气温5℃，晚间最低时仅0℃，甚至0℃以下。年均降雨量457mm，大部分地区干旱少雨。北部地区年均降雨量650～700mm，南部和东南部地区年均降雨量400～500mm，西部和西南部地区年均降雨量仅250mm。降雨主要集中在雨季，旱季降雨量仅占全年的1%～10%，1月和2月为降雨最多的月份。

（二）经济与科技

2018年，博茨瓦纳总人口约230万人，班图语系的茨瓦纳

人约占总人口的90%。主要民族为恩瓦托、昆纳、恩瓦凯策和塔瓦纳等，其中恩瓦托族最大，约占人口的40%，另有数万欧洲人和亚洲人。官方语言为英语，通用语言为茨瓦纳语。多数居民信奉基督教，农村地区部分居民信奉传统宗教。

2020年，博茨瓦纳GDP为165.16亿美元，人均GDP为6560美元。博茨瓦纳独立以来长期保持政局稳定，经济持续、快速发展，是非洲经济状况较好的国家之一。被西方誉为“非洲民主国家样板”和“腐败最少和透明度最高”的国家。据博茨瓦纳统计局数据，2019年博茨瓦纳三大产业占GDP的比重分别为：农业1.9%、工业28.3%、服务业和其他69.8%。对GDP贡献较大主要为采矿业，贸易、住宿及餐饮业，金融与商业服务等。

博茨瓦纳农业涵盖种植业和畜牧业，从业人口占全国总人口的60%以上。农业较不发达，根据联合国粮农组织统计，2019年，博茨瓦纳可耕地面积为26万hm^2，占全国面积的15%；永久农作物面积0.2万hm^2，永久草地和牧场面积为2560万hm^2，森林面积为1549.13万hm^2。2018年粮食产量约6.61万t，只能满足国内粮食需求的22%左右，自产农作物品种较少，主要为高粱、玉米、小米、豆类和花生等，且受气候影响，农作物产量低，远不能满足国内需求，粮食自给率很低。畜牧业是国民经济传统支柱产业之一，也是农民的主要收入来源，产值约占农业产值的80%。畜牧业以养牛为主，养羊为辅。

博茨瓦纳矿产资源种类较为丰富。主要矿产资源有：钻石、铜镍、煤、苏打灰、铂、金、锰等。钻石储量和产量均居世界前列。据博方统计数据，已探明的铜镍矿蕴藏量为4600万t，煤蕴藏量170亿t。钻石业是其经济支柱，产值约占国内生产总值的1/3。

博茨瓦纳是非洲主要旅游目的国之一，旅游资源丰富，是非洲野生动物种类和数量较多的国家。政府把全国38%的国土划为野生动物保护区，设立了3个国家公园、5个野生动物保护区。乔贝国家公园和奥卡万戈三角洲野生动物保护区为主要旅游

点。旅游业现为博茨瓦纳第二大外汇收入来源，旅游业已为博茨瓦纳直接和间接提供了10%的就业机会。根据世界旅行旅游理事会的数据，2017年博茨瓦纳旅游业产值为71.3亿普拉（6.9亿美元），对博茨瓦纳经济直接贡献率达3.6%，提供直接和间接就业岗位7.6万个，约占博茨瓦纳总体就业规模的7.6%。

博茨瓦纳长期执行审慎的财政政策。前几年受矿业收入下降、普拉对美元升值和政府施行积极财政政策的影响，曾一度出现财政赤字。政府采取了严格控制支出等措施，使财政收支最终处于盈余状态。2020年，外债余额为17.70亿美元。截至2020年第三季度，外汇储备为50.66亿美元。

二、水资源状况

（一）水资源量

2018年博茨瓦纳境内地表水资源量约为80亿m^3，地下水资源量约为17亿m^3，重复计算水资源量约为10亿m^3，境内水资源总量为87亿m^3，人均境内水资源量为1065m^3/人。2018年博茨瓦纳境外流入的实际水资源量为98.4亿m^3，实际水资源总量为185.4亿m^3，人均实际水资源量为5430m^3/人（表1）。

表1　　博茨瓦纳水资源量统计简表

序号	项　目	单位	数量	备　注
①	境内地表水资源量	亿m^3	80	
②	境内地下水资源量	亿m^3	17	
③	境内地表水和地下水重叠资源量	亿m^3	10	
④	境内水资源总量	亿m^3	87	④=①+②-③
⑤	境外流入的实际水资源量	亿m^3	98.4	
⑥	实际水资源总量	亿m^3	185.4	⑥=④+⑤
⑦	人均境内水资源量	m^3/人	1065	
⑧	人均实际水资源量	m^3/人	5430	

资料来源：联合国粮农组织统计数据库。表中水资源量均指可再生水资源量。

（二）河川径流

博茨瓦纳地表径流稀少，地下水补给率较低，部分河流雨季也存在断流现象。主要河流都是国际河流。最重要的河流是林波波（Limpopo）河、奥卡万戈（Okavango）河、乔贝（Chobe）河和赞比西（Zambezi）河。

林波波河发源于约翰内斯堡附近的高地，河道全长1600km，流域面积约17.75万km^2，其中40%在博茨瓦纳境内，其余在津巴布韦和南非境内。支流有诺特瓦（Notwane）河、马里卡（Marica）河、莫洛波（Molopo）河、诺索布（Nossop）河、沙谢（Shashe）河、拉马夸巴内（Ramaquabane）河。沿河地带土壤肥沃，适宜种植各种作物。

奥卡万戈河发源于安哥拉中部，经纳米比亚流入博茨瓦纳，最后消失于奥卡万戈三角洲，是一条内陆河流，也是非洲南部第四长河。在博茨瓦纳境内，最大流量约为453m^3/s，最小流量约为170m^3/s。在罕见的大水年，一部分河水漫出天然河槽，从奥卡万戈三角洲的端部沿东北方向流入乔贝河，最后流入津巴布韦。但漫出的水量很少，几乎可以忽略不计，该河所有水量几乎都损失于蒸发和渗漏，水力资源并不丰富。

赞比西河发源于赞比亚西北部，大部分位于赞比亚境内的巴罗茨高原，流经纳米比亚与博茨瓦纳的边境。河流全长2574km，流域面积139万km^2，年均流量约为1.6万m^3/s。其重要支流之一为乔贝河，沿河流域有乔贝森林保护区和乔贝森林公园。

（三）天然湖泊

博茨瓦纳很少有能成为湖泊的水域。

奥卡万戈河到达卡拉哈迪沙草原后形成辽阔的扇形沼泽地，即奥卡万戈内陆三角洲，面积16000km^2。每年雨季1月底2月初，奥卡万戈河水开始涌入，5月末覆盖整个三角洲，7月下旬水势开始减退。奥卡万戈三角洲包括了约6000km^2的永久沼泽和7000～12000km^2的季节性沼泽。三角洲年均汇流量约为11亿m^3，但绝大部分流量都通过蒸发和蒸腾作用流失。

恩加米（Ngami）湖位于奥卡万戈三角洲西南，水量主要来自当地雨水和奥卡万戈三角洲下泄的水流。恩加米湖水量不稳定，有时连续多年干涸见底，有时水域面积长期保持在 200km^2 左右。

达乌湖位于奥卡万戈三角洲东南，水量极不稳定，主要水源是伯塔蒂河的泛滥洪水。

马巴贝洼地位于奥卡万戈三角洲东北，现已成为化石湖，偶尔从乔贝河和奥卡万戈河以及周边溪流得到补充水量。

三、水资源开发利用

（一）水利发展历程

博茨瓦纳生活、农牧用水均有较大缺口。1968 年，联合国开发计划署开始帮助博茨瓦纳在林波波河流域和奥卡万戈三角洲建立水文气象站网，培训技术人员以及进行全面开发土地和水资源的计划，拟订有关开发工程的可行性报告等。

（二）开发利用与水资源配置

1. 开发利用

博茨瓦纳地表水资源匮乏，水库、河流和其他地表水占供水量的 1/3，大部分地区依靠地下水开采供水，地下水占总供水量的 2/3。地下水资源开发成本很高。地下水质受到周边土壤性质、微量元素含量的影响，另需注意由于化粪池与坑厕造成的含水层污染情况。全国约有 21000 口管井，但未全部投入使用。已登记在案的管井中，半数以上为政府所有，其余为私人所有。

2. 水库

博茨瓦纳境内水库多位于主要河流之上，功能为保障城市供水和牲畜饮水。由于河道断流和河流沉积作用影响，小型河流上的小型水库难以保证灌溉供水，加之缺乏维护管理，自 1970 年以来修建的许多土石坝已废弃。

博茨瓦纳主要水利水电工程有：

哈博罗内工程，位于哈博罗内市附近的诺特瓦河上，竣工于 1964 年。土坝高 21m，坝顶长 2086m，水库库容 4000 万 m^3。

1985年实施扩容工程，坝高加高至30m，库容增至1.44亿m^3。主要用于为哈博罗内市供水。

尼瓦内（Nywana）工程，位于洛巴策（Lobatse）市附近的尼瓦内河上，竣工于1964年。土坝高20m，坝顶长248m，水库库容238万m^3，主要用于为洛巴策市供水。

沙谢工程，位于弗朗西斯敦（Francistown）市附近的沙谢河上，竣工于1972年。土坝高27m，坝顶长3500m，水库库容8500万m^3，主要用于为弗朗西斯敦市供水。

莱特西博格（Letsibogo）工程，位于马迪拉瑞（Mmadinare）市附近的莫特洛乌采河上，竣工于2000年。土坝高28m，水库库容1亿m^3。初建时主要用于为周边工业城市和农业灌溉供水，现主要用于为哈博罗内市供水。

阿拉比（Arabie）工程，坝高33m，水库库容1.04亿m^3。主要功能为供水和灌溉。

3. 供用水情况

据联合国粮农组织统计资料显示，1992年博茨瓦纳总取水量约为1.13亿m^3，其中农业用水约占47%，市政用水约占34%，工业用水约占19%。到2000年，总取水量约为1.94亿m^3，其中农业、林业用水约占41%，市政与工业用水共占41%，采矿业用水约占18%。

博茨瓦纳实行了南北调水工程，建设了多座水库和多条供水管线，从北部引水供给南部地区，接至玛姆西亚（Mmamashia）水厂。供水管网总长度约360km，一期投资约3.5亿美元。

2019年，来自中国的建设公司中标博茨瓦纳马哈拉配自来水厂扩建项目，项目主要内容为扩建原有自来水厂，提升当地净水能力和供水能力。

（三）灌溉排水

林波波河、奥卡万戈河、乔贝河三大流域的地表水资源可灌溉约13000hm^2农田。2002年博茨瓦纳约有灌区1381hm^2，但由于水量不足、市场体系不健全、灌溉成本过高等原因，旱季只能保证约620hm^2土地的灌溉。

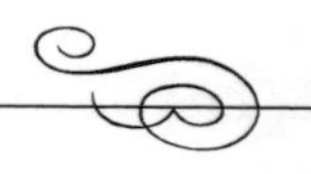

四、水资源保护与可持续发展状况

（一）水资源与水生态环境保护

博茨瓦纳环境、自然资源保护与旅游部负责环保事务，具体由环境事务司负责，包括政策和战略协调以及监督、监测、强制标准的执行等。

博茨瓦纳环保问题涉及能源和矿产开发、农林渔生产、气候变化和自然灾害、野生动物、保护地、土著人权利等多方面。博茨瓦纳已建立环保数据库和环境监测系统。在博茨瓦纳，项目施工前需要进行环境影响评估，确保对环境没有负面影响或影响最小。

（二）水污染情况

博茨瓦纳的水污染问题日益严重。地表水和地下水水质都受到坑厕和牲畜排泄物的威胁。哈博罗内正在进行废水再利用项目建设，项目占地约 203hm^2，项目主要内容包括主泵站、饮用水供水和污水管网、排水管网敷设。

五、水资源管理

（一）管理机构及其职能

矿产、能源和水务部（MMEWA）负责国家水务政策。该部下属两个供水单位，即水务局（DWA）和水务公司（WUC），专职管理国家的供水系统。水务公司负责向所有城市和矿区供水。水务局是水资源方面的牵头机构，为国家保护战略机构实施国家保护战略（奥卡万戈）提供支持，并负责向 17 个主要村庄供水。

农业部（MOA）及其灌溉部门（IS）负责农业和畜牧业供水。该部门成立于 1982 年，隶属于土地利用司的作物生产和林业处。此外，农业处建有灌溉试验系统，结合现有的农业实验站为大规模灌溉工程提供资料。

在农村地区，地方政府、土地和住房部（MLGLH）下属的区议会负责监督对农村的供水工作。

（二）取水许可制度

1993 年之前，农业部免费向农民提供灌溉用水。农民对水

坝建设和运营维护有自主权，主要工作内容包括大坝围栏建造保护以及溢洪道健康状态监测。1993 年博茨瓦纳机构改革后，农民需缴纳 15%的水坝建设费用。同时，政府资助部分资金，用于企业开凿管井。企业对管井有运营维护义务和使用权。

（三）涉水国际组织

1994 年，安哥拉、纳米比亚和博茨瓦纳成立了奥卡万戈河流域委员会（OKACOM）。

2004 年，赞比西河流域内的 8 个主要国家成立了赞比西河流域委员会。

六、水法规与水政策

（一）水法规

博茨瓦纳于 1968 年 2 月颁布了《水法》，《水法》中规定了所有水资源开发利用的规则。此外，博茨瓦纳的涉水法律还包括《水务公司法》《水生生物法》《水厂法》《排水系统条例》等。

1999 年，博茨瓦纳出台了国家供水与卫生计划，用于估计本国水资源供需量及水资源开发潜力。

（二）水政策

博茨瓦纳用水实行分区段计价制度。自 2017 年 4 月 1 日，居民、商业和工业用水价格（含 12%增值税）见表 2。

表 2　　博茨瓦纳分段水价表

用水量/t	0～5	5～15	15～25	25～40	>40
水单价/（BWP/t）	3.92	11.65	30.38	31.36	39.2

数据来源：中华人民共和国商务部驻博茨瓦纳共和国大使馆经济商务处。

七、国际合作情况

日本为博茨瓦纳能源、水资源等项目建设提供优惠贷款，支持博茨瓦纳水资源开发利用。

刚果（金）

一、自然经济概况

（一）自然地理

刚果（金）全称刚果民主共和国（The Democratic Republic of the Congo），国家陆地面积约 234.5 万 km^2，是非洲第二大、世界第十一大国家。刚果（金）位于非洲中西部，赤道横贯其北部，东接乌干达、卢旺达、布隆迪、坦桑尼亚，北邻南苏丹、中非共和国，西接刚果共和国，南接安哥拉、赞比亚。刚果河自东向西流贯全境，另外有乌班吉河、卢阿拉巴河等重要支流。

刚果（金）位于赤道附近，地处非洲中部，峭壁深谷，水深奇秀，西南部刚果河下游一隅濒大西洋，海岸线长仅 37km。国境占刚果盆地的绝大部分，被支流密布的刚果河所灌溉，除中下游有较大的平原外，其余东、北、南三面均被高原和山地环绕，其中又以南方和东南方的山岭最为高峻，海拔 600～1500m。

刚果（金）东部的卢文佐里山脉最高地区海拔超过 5000m。根据地形将刚果（金）分为 5 个部分：中部刚果盆地区、东部南非高原大裂谷区、北部阿赞德高原区、西部几内亚高原区、南部隆达-加丹加高原区。扎乌边界的马格丽塔山海拔 5109m，为全国最高点；中部地区面积广阔地势平坦，是大片盆地，有茂密的热带雨林。

刚果（金）部分地区位置在 4°N 到 4°S 间，属赤道气候区，全年气温在 21.1℃以上，平均温度是 27.8℃，气候炎热，潮湿多雨，以北属热带雨林气候，以南属热带草原气候。以全境来说，全年分干、雨两季；每年 11 月到次年 5 月是雨季，气候湿热；6—10 月是干季，气候温和。

刚果（金）经过2016年的省份调整，目前共有26个省，其中省级市金沙萨市为首都。刚果（金）是面积和人口大国，2017年人口为8960万人，是世界上人口最多的法语系国家，也是世界人口第15多、非洲人口第4多的国家，女性占比50.1%，城市人口占比45.6%，老龄化人口（65岁及以上）占比3%，人口自然增长率为3.1%，人口最多的省份为首都金沙萨市。刚果（金）有多达254个民族，人数最多的是卢巴族、蒙戈族和巴孔戈族，有700多种当地语言。

刚果（金）是农业国家，农业发展潜力巨大，境内气候温湿，土地肥沃，棕榈、咖啡、椰子、棉花等农产品丰富且大多数为热带农作物。境内共有125万km^2的森林，森林覆盖率约为3%，面积为世界第七大，国内还产有一些独有的奇特花草，尤其是热带花卉品种极多，颜色十分鲜艳。

全国可耕地面积约8000万hm^2，早期曾开垦耕地600万hm^2，多种农产品产量和出口量在非洲位居前列，但后来因战乱等原因，农业生产每况愈下，目前仅剩1%的熟地得到利用。由于农业发展落后，粮食不能自给，每年粮食缺口在100万t左右（国际粮农组织估算数字）。

（二）经济与科技

刚果（金）是联合国公布的世界最不发达国家之一。农业、采矿业占经济主导地位，加工业不发达，粮食不能自给。刚果（金）曾是非洲经济状况较好的国家之一，20世纪90年代初起，因政局动荡等原因，经济连年负增长，2020年GDP总计498.69亿美元，人均GDP为556.6美元，经济增长率为0.8%，欠外债59.52亿美元。

刚果（金）具有8000万hm^2的可耕地，400万hm^2的灌溉地，以及许多拥有重要渔业资源的河流，有可能成为全球农业大国。全国超60%的人口从事农业，农业产值占国内生产总值的19.7%，但无法确保粮食安全，也无法创造足够的收入和可持续的就业。主要的经济作物包括咖啡、棕榈油、橡胶、棉花、糖、茶和可可。全国商业农业生产有限，多数生产者从事自给自足的

粮食农业。为了应对粮食短缺问题，刚果（金）正在支持在国内不同地区建立农业产业园。

刚果（金）矿产资源丰富，采矿业是国家重要的支柱产业之一，2016 年，矿业产值占其国内生产总值的 28.36%。2018 年，矿业为刚果（金）创收 15.7 亿美元，较 2017 年增加了 9.1%。2010—2017 年间，采矿业对国家经济平均贡献率为 14.32%。刚果（金）制造业并不发达，且多数工厂位于城市中心，制造业大多经营糖、面粉和饮料等农产品，但刚果（金）的运输网络较差，阻碍了农产品的传播及转型。

服务业是刚果（金）国内生产总值的主要贡献者，增值率为 41%，其次是制造业（38%）和农业（21%），但缺乏高质量基础设施，阻碍了运输业的发展，国内持续的不稳定政治环境也严重制约了商业的发展。刚果（金）的金融机构更加欠缺，据统计，全国仅 4%的人口有机会接触正规的金融机构，金融服务出口仅占服务出口的 13%，占服务进口的 24%。互联网产业发展明显不足，截至 2019 年年底约有 748 万网络用户，用户渗透率约为 8.3%。

二、水资源状况

（一）水资源

刚果（金）境内地表水资源量约为 12820 亿 m^3，境内地下水资源量约 4210 亿 m^3，境内水资源总量约 12830 亿 m^3，境外流入的实际水资源量为 3830 亿 m^3，人均境内水资源量每年约为 15762m^3/人（表 1）。

（二）河流

刚果（金）全国河流总长 2.3 万 km，其中 1.5 万 km 可通航，以刚果河为主流，其他均为支流。刚果河自东向西流贯全境，全长 4640km，发源于赞比亚境内，又称扎伊尔河，是世界上最深的河，平均深度达 220m，长度 4640km，流域总面积为 401 万 km^2，号称非洲第二长河，平均流量可以达到 4.1 万 m^3/s，最大流量可超过 8 万 m^3/s，流量之大和流域之广，仅次于拉丁

美洲的亚马孙河，位列全球第二，且流量十分稳定。刚果河浩荡西流，经安哥拉注入大西洋，重要支流有乌班吉河、卢阿拉巴河、卡赛河等，另有次要支流 16 条，可供航行的河道总长 13000km。东部边界自北向南有阿尔伯特湖、爱德华湖、基伍湖、坦噶尼喀湖（最大水深 1435m，为世界第二深水湖）和姆韦鲁湖等。

表 1　　刚果水资源量统计简表

序号	项　目	单位	数量	备　注
①	境内地表水资源量	亿 m^3	12820	
②	境内地下水资源量	亿 m^3	4210	
③	境内地表水和地下水重叠资源量	亿 m^3	4200	
④	境内水资源总量	亿 m^3	12830	④＝①＋②－③
⑤	境外流入的实际水资源量	亿 m^3	3830	
⑥	实际水资源总量	亿 m^3	16660	⑥＝④＋⑤
⑦	人均境内水资源量	m^3/人	15762	

资料来源：联合国粮农组织统计数据库。表中水资源量均指可再生水资源量。

刚果（金）的河流分布非常均匀，以刚果河为干流，16 条支流均匀分布全国，干流流量充足且较稳定。刚果河及其支流构成了非洲最稠密的水道网，水量充沛，是非洲水能资源最丰富的大河，水能资源主要集中在上游及下游。主要河流见表 2。

表 2　　刚果（金）主要河流

河　流	河流长度/km	河　流	河流长度/km
刚果（Congo）河	4640	韦莱（Uele）河	1210
开赛（Kasai）河	2153	宽果（Kwango）河	1100
卢阿拉巴（Lualaba）河	1800	乌班吉（Oubangui）河	1060
洛马米（Lomami）河	1280	阿鲁维米（Aruwimi）河	1030

三、水资源开发利用

（一）水利发展历程

刚果（金）近十年来总可再生能源量持续增加，2020 年达

到2782MW，但蕴含的太阳能资源仅20MW，生物能资源仅3MW，绝大部分是水能资源。流经刚果（金）的刚果河为非洲第二大河，因此一直是水电公司的开发目标。

第二次世界大战结束以来，全国各地已建成约100座1万～8万kW的中型水电站。国家公用事业公司（SNEL）拥有17座水电站，其中11座装机容量超过10MW，目前国内在建一个超过4万MW的项目（大英加项目），计划通过高压线将产生的电力输送到其他国家。

（二）开发利用与水资源配置

刚果河为刚果（金）唯一干流，流域覆盖面极广，全流域有43处瀑布和数以百计的险滩及急流，水能理论蕴藏量达3.9亿kW，居世界大河首位，可开发的水能资源装机容量约1.56亿kW，年发电量9640亿kWh。刚果河的水能资源主要集中在上游及下游，上游段的基桑加尼瀑布水能蕴藏量为120万～220万kW。在100km长的河段上，分布有7级瀑布，总落差超过60m，是建设大型水电站的优良坝址。下游段（金沙萨至河口）河流穿过结晶岩组成的高地，河道窄，水流急，在金沙萨至马塔迪之间200km河段上有32个瀑布和急流，总落差280m，这就是世界罕见的利文斯敦瀑布群，是非洲水能资源最为集中的地段，全部开发后，装机容量可达4000万kW，是刚果（金）目前重点开发的地区。

刚果河许多支流也蕴藏着丰富的水能资源，例如，开赛河上的卡迪卢瓦急流与坎佩内急流，乌班吉河上的坦加急流、卢阿普拉河上的蒙博图塔瀑布和约翰斯顿瀑布等，但由于地处偏远地区，至今尚未开发利用。

刚果（金）水资源丰富，农业取水量约为每年0.7亿m^3，工业取水量约为每年1.5亿m^3，城市取水量约为每年4.6亿m^3。取水总量约为每年7亿m^3。

（三）洪水管理

刚果（金）降雨充沛，河流众多，且蕴含水能资源丰富，又

为热带雨林气候，森林覆盖率大，因此发生洪涝灾害概率较大，近 20 年有数十次洪水记录。

2020 年，刚果（金）东部大暴雨造成至少 24 人死亡，中国维和部队实施紧急救援。

刚果（金）目前采用两种洪水管理和缓解措施，即非工程和工程性措施。前者包括洪水预测、疏散、救援和重新安置受害者等，后者包括建造水库等。

（四）水力发电

刚果（金）具有非洲最大的水电潜力，也是世界最大的水电潜力国之一，2011 年总装机容量为 2410MW，2020 年蕴含的可再生水电资源达到 2760MW，但迄今仅 2.5％的潜力得到开发，超过 500 万 kW 正在规划中，包括英加 3 号水电站（423 万 kW）、卢阿普拉水电站（90 万 kW）、鲁齐兹 3 号水电站（14.7 万 kW）或恩济罗 2 号水电站（12 万 kW）和布桑加水电站（24 万 kW）等，刚果（金）总理论水电开发能力为 1400TWh/年，2020 年国内水力发电量为 1.07TWh。

刚果（金）水力资源极为丰富，估计可开发的水电蕴藏量占非洲水电资源的 37％，世界的 6％。刚果河技术可行的可开采能力达 10 万 MW，位于刚果河下游的因加水电潜能为 4400 万 kW，可满足全非洲的电力需要（联合国统计数据），但目前已开发的不到 210 万 kW。多数发电厂设备损坏严重，输变电设备老化，无法正常发电和输电，导致生产和居民生活电力供应不足，全国通电率仅为 6％左右，远低于撒哈拉以南非洲 24.6％的平均通电率。

（五）灌溉排水与水土保持

刚果（金）的尼罗河流域面积不到该国面积的 1％，且该地区属丘陵地带，并不适合灌溉。但该地区人口密集，大多数人在阿尔伯特湖周围从事养牛和渔业活动。据估算，约有 1 万 hm^2 土地需要灌溉。主要种植的作物包括谷物（水稻、玉米）、块茎、经济作物（咖啡、可可）和甘蔗。过去，国家水稻生产计划（PNR），通过修复灌溉渠和排水系统，覆盖了基奎特（Kikwit）地区、基伍（Kivu）南部的鲁西兹（Ruzizi）山谷、东开赛的洛贾（Lodja）、姆班达卡-比科罗（Mbandaka - Bikoro）、格梅纳-卡拉瓦（Gemena - Karawa）和赤道省的本巴（Bumba）等共 300hm^2 的面积。尼罗河流域部分的总灌溉取水量约为 60 万 m^3/年。

四、水资源保护与可持续发展状况

（一）水资源及水生态环境保护

刚果（金）有丰富的淡水资源，但对水生态保护的意识薄弱，保护力度远远不够，没有正确开发，水质很差。根据世界粮食计划署的数据，刚果（金）是世界上最贫穷的国家之一。该国缺乏基础设施，水储存和处理设施不足，陈旧和生锈的管道也可能会造成水污染。一些城镇，特别是农村地区，没有任何供水系统，仅有的供水系统也年久失修，给居民生活带来极大不便。

（二）水污染情况

刚果（金）只有 46%的人口能够获得清洁和安全的饮用水，水质亟须改善。虽然刚果（金）有丰富的淡水资源，但污染和可及性是该国的主要问题。刚果（金）农村地区依赖直接水源的人更有可能饮用不安全的水，农村地区大约有 3700 万人有可能从受污染的溪流和河流中感染疾病，由不安全的饮用水引起的最常见的疾病之一是霍乱，而每年有 2 万人死于霍乱。联合国儿童基金会（UNICEF）代表 Pierette Vu 指出，生活在刚果（金）村庄的儿童饮用受污染的水的可能性是城市儿童的 4 倍。

（三）水污染治理

刚果（金）目前正在探索许多解决方案，以改善水源和水质。国家水务公司 REGIDESO 正在开采地下水，以便在偏远农村地区安装水泵，这种方法比安装供水系统要便宜得多，难度也小。同时，旧的供水系统也在修复之中。在卡松戈，REGIDESO 公司更换了他们已经失效的供水系统，旧的储水箱、发动机和

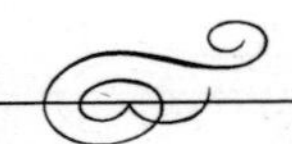

水泵都进行更新，为更多人提供了自来水。政府也采取了有效措施，保障受影响地区的供水安全。

五、水资源管理

（一）管理体制

刚果（金）水务部门管理体制总体薄弱。其特点是法律和机构众多，任务往往相互重叠和冲突。大约有十几项法令和政令对水务部门进行管理，其中有几项是在独立前制定的。这些基本过时的细则主要侧重于保护水源不受污染、饮用水供应管理和用户权利保护，并没有为组织多方利益相关者的水务部门提供一个连贯的法律框架。

（二）管理机构及其职能

刚果（金）水务部门的管理分散在 7 个部门和组织之间，责任领域没有明确界定，导致了职能重叠和任务冲突，也缺乏有效协调的措施。水务机构的行政能力普遍薄弱，阻碍了该部门的进步和发展。主管水务的两个部门是环境自然保护和旅游部（MENCT）与能源部（MOE）。水资源的管理属于环境自然保护和旅游部下属的水资源局，其监管职责包括保护水生态系统免受各类污染活动的影响，制订流域管理计划并处理国际和区域水合作。根据国家卫生计划（PNA），环境自然保护和旅游部还负有以下行政责任：提供城市卫生服务，包括废水处理和固体废物管理，这两个也是水污染的主要来源。能源部下的水文局对REGIDESO（提供城市饮用水供应服务的国有公司）拥有监督权，同时监督负责水电开发的公共电力公司（SNEL）。

六、水法规与水政策

在德国的帮助下，刚果（金）2010 年起草了一份全面的《水法》草案，该草案为合理和可持续管理水资源提供了一个总体立法框架。定义水法的一个基本原则是水资源综合管理（IWRM），目的是建立一个结构化的框架，以调和多方利益相关者的不同需求，促进保护水生态系统的可持续性。《水法》包含多项原则，

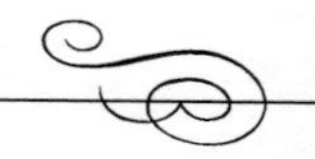

例如用户付费原则、谁污染谁负责的原则。

《水法》将权利移交给地方政府，取消国家对供水分部门的垄断，并为社区组织和投资的参与开辟了道路。

七、国际合作情况

刚果（金）意识到自身法律和政策的不足，2006 年在合作伙伴的帮助下，尤其是在德国技术公司 GTZ 的水务改革项目（RESE）支持下，进行了水务部门的重组工作。值得注意的是，2006 年的新宪法承认了取水是一项基本人权。

国际发展伙伴一直在刚果（金）的发展中起着重要作用。从 20 世纪 90 年代开始，国际援助占据水务部门总投资的 95%，尤其在 2007—2008 年期间每年援助 1.71 亿美元。农村的援助主要通过两个计划进行，分别是“支持自主的社区供水系统”和“卫生村计划”。前者由四个主要捐助者资助，即比利时发展合作总局（DGCD）、英国国际发展部（DFID）、欧洲联盟（EU）和法国开发署（AFD）；后者主要由联合国儿童基金会（UNICEF）、日本国际协力机构（JICA）、美国国际开发署（USAID）和美国国际开发署（USDA）支持。

加　　纳

一、自然经济概况

（一）自然地理

加纳全称加纳共和国（The Republic of Ghana），位于非洲西部、几内亚湾北岸，西邻科特迪瓦，北接布基纳法索，东毗多哥，南濒大西洋，海岸线长约 562km。沿海平原和西南部阿散蒂高原属热带雨林气候，沃尔特河谷和北部高原地区属热带草原气候。4—9 月为雨季，11 月至翌年 4 月为旱季。各地降雨量差别很大，西南部平均年降雨量 2180mm，北部地区为 1000mm。

加纳全国有 16 个省，即大阿克拉省（Greater Accra Region）、阿散蒂省（Ashanti Region）、布朗-阿哈福省（Brong - Ahafo Region）、中部省（Central Region）、东部省（Eastern Region）、沃尔特省（Volta Region）、西部省（Western Region）、上东部省（Upper East Region）、上西部省（Upper West Region）、北部省（Northern Region）、萨瓦纳省（Savannah Region）、东北省（North East Region）、阿哈福省（Ahafo Region）、博诺东省（Bono East Region）、奥蒂省（Oti Region）、西北省（Western North Region）。加纳首都为阿克拉（Accra），最高气温 23～31℃（3 月、4 月），最低气温 22～27℃（8 月）。

2019 年加纳全国人口约 3028 万人，其中首都阿克拉人口约 234 万人，第二大城市库马西人口约 147 万人，特马约 16 万人，塞康迪-塔克拉底约 14 万人，科福里杜亚约 10 万人，苏尼亚尼约 7 万人。全国有 4 个主要民族：阿肯族（52.4%）、莫西-达戈姆巴族（15.8%）、埃维族（11.9%）和加-阿丹格贝族（7.8%）。

官方语言为英语，另有埃维语、芳蒂语和豪萨语等民族语言。居民69%信奉基督教，15.6%信奉伊斯兰教，8.5%信奉传统宗教。

2019年，加纳的可耕地面积约为331.6万hm^2，永久农作物面积约为190.5万hm^2，永久草地和牧场面积约为738.3万hm^2，森林面积约为797.13hm^2。

（二）经济与科技

2019年，加纳GDP为669.8亿美元，人均GDP为2202美元。GDP构成中，农业增加值占19%，矿业制造业公用事业增加值占28%，建筑业增加值占6%，运输存储与通信增加值占10%，批发零售业餐饮与住宿增加值占19%，其他活动增加值占18%。

2020年，加纳经济遭受新冠肺炎疫情影响严重，加纳政府积极抗疫，统筹封禁防控与经济复苏，推动企业纾困与复兴计划等，下半年以来经济稳步复苏。根据中国外交部的资料显示，2020年，加纳GDP为686亿美元，人均GDP为2266美元。

农业是加纳经济的基础，农业人口约1063万人，占全国就业人口的一半左右。可耕地面积731万hm^2，已利用30%。可灌溉土地11万hm^2，但灌溉面积仅占7.5%。粮食作物主要分布在北部，种植面积约为250万hm^2。主要粮食作物为玉米、薯类、高粱、大米、小米等，产量不稳，正常年景可基本满足国内需要。可可为主要经济作物，其他经济作物有油棕、橡胶、棉花、花生、甘蔗、烟草等。

二、水资源状况

（一）水资源量

2018年加纳境内地表水资源量约为290亿m^3，境内地下水资源量约为263亿m^3，重复计算水资源量约为250亿m^3，境内水资源总量为303亿m^3，人均境内水资源量为1018m^3/人。2018年加纳境外流入的实际水资源量为259亿m^3，实际水资源总量为562亿m^3，人均实际水资源量为1888m^3/人（表1）。

表 1　　加纳水资源量统计简表

序号	项　　目	单位	数量	备　注
①	境内地表水资源量	亿 m^3	290	
②	境内地下水资源量	亿 m^3	263	
③	境内地表水和地下水重叠资源量	亿 m^3	250	
④	境内水资源总量	亿 m^3	303	④=①+②-③
⑤	境外流入的实际水资源量	亿 m^3	259	
⑥	实际水资源总量	亿 m^3	562	⑥=④+⑤
⑦	人均境内水资源量	m^3/人	1018	
⑧	人均实际水资源量	m^3/人	1888	

资料来源：联合国粮农组织统计数据库。表中水资源量均指可再生水资源量。

（二）河流

加纳河流一般向南流，汇入大西洋。加纳最大的河流是沃尔特河，它是加纳主要的饮用水资源。沃尔特河由红、黑、白沃尔特河以及奥蒂河组成（表 2）。沃尔特河总流域面积约为 39.4 万 km^2，约占西海岸总面积的 28%，在加纳境内流域面积约为 15.2 万 km^2，约占加纳国土面积的 63.7%。在剩下五个国家境内的流域面积分别为：马里 0.95 万 km^2，布基纳法索 18.3 万 km^2，贝宁 1.6 万 km^2，多哥 2.67 万 km^2，科特迪瓦 0.7 万 km^2。

表 2　　加纳共和国主要河流的统计简表

序号	名　　称	流经区域	长度/km
1	红沃尔特（Red Volta）河	上东地区	320
2	黑沃尔特（Black Volta）河	布基纳法索（Burkina Faso）	1352
3	白沃尔特（White Volta）河	布基纳法索北部	885
4	奥蒂（Oti）河	贝宁—布基纳法索	520

湿地约占加纳土地总面积的 10%。主要的湿地类型是：海洋/沿海湿地、内陆湿地和人工湿地。加纳的湿地生产力很高，其资源是当地居民基本生活必需品的重要来源，从建筑材料、狩猎和捕鱼区到人类和牲畜的水源。当地居民已经形成了传统的知

识体系和实践，并对湿地进行管理。加纳是《拉姆萨尔公约》（*Ramsar Convention*）的签署国，有五个具有国际重要性的拉姆萨尔遗址：登苏三角洲、松戈尔、凯塔综合体、木尼-波马泽和萨库莫泻湖。所有这些都是保护区。位于莫尔国家公园的森林和野生动物保护区、黑沃尔特、塞内、比亚和奥瓦比野生动物保护区的其他湿地也受到保护。一些不属于湿地保护区的湿地受到传统保护措施的保护，如安科布拉河和普拉河。加纳两个最重要的湖泊是沃尔特湖和阿散蒂地区的博松特维湖。

（三）地下水

新生代和中生代的沉积物主要分布在加纳最东南部和西部地区。该地层中存在三个含水层。第一个含水层是无压的，位于非常接近海岸的近代沙地中。它的深度在 2～4m。第二个含水层是半封闭或封闭的，主要位于沙土和砾石的红色大陆沉积中。这个含水层的深度从 6～120m 不等。第三个含水层位于石灰岩中，深度在 120～300m，含水层的平均产量约为 $184m^3/h$。

三、水资源开发利用

（一）水资源发展历程

1928 年，加纳第一个自来水供应系统在海岸角建成。公共工程部的供水司负责为在加纳的农村和城市地区提供服务。1957 年加纳独立后，该部门从公共工程部分离出来，被划为工程和住房部管理。1965 年，转变为加纳供水和污水处理公司（GWSC），负责为公共、家庭和工业目的提供城市和农村供水，以及建立、运营和控制污水处理系统。

在后殖民时代早期，大型水坝就是加纳和非洲其他国家政策制定的核心，加纳已经建造了三座大型水坝，主要用于提供电力，以促进工业发展。

（二）开发利用与水资源配置

1. 开发利用概况

加纳已经建造了不同规模的水库，最重要的是阿科松博

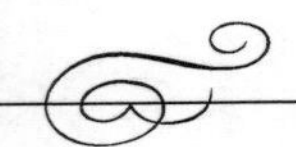

（Akosombo，1965 年）水电站、克邦（Kpong，1982 年）水库和布维（Bui，2013）水库。

2. 水库

阿科松博水电站和克邦水库位于加纳的东南部（东部地区），但淹没区从加纳的中间地带［沃尔特、布朗阿哈福（Brong-Ahafo）地区］延伸到北部。布维水库位于加纳的西北部（布朗阿哈福地区），淹没区覆盖了北部的部分地区。

阿科松博是加纳重要的水利设施，横跨沃尔特河，位于阿科松博峡谷，是一个堆石坝，具有薄的垂直不透水黏土心墙和反滤层。大坝高 113m，长度为 640m，总体积为 792 万 m^3。大坝建设所产生的沃尔特水库容量为 1480 亿 m^3（表面积约为 $8500km^2$，约占加纳国土面积的 4%），长度为 400km，海岸线为 5500km。阿科松博用于水力发电、生活用水供应以及鱼类养殖。该发电站有 6 个发电机组，原始装机容量为 91.2 万 kW，到 2006 年发电能力提升到 102 万 kW。

克邦水库的建设周期为 1976—1982 年，位于阿克塞、阿科松博坝下游 24km 处。克邦水库与阿科松博水库同步运行，提供能源、灌溉和生活用水。水电站有 4 个发电机组（每个机组容量为 4 万 kW），总装机容量为 16 万 kW。

布维大坝建在黑沃尔特河上的布维峡谷，该峡谷位于北部和布朗-阿哈福地区的交界处。最高运行水位时其水库水面面积为 $444km^2$，海拔为 185m；最低运行水位时其水面面积为 $288km^2$，海拔为 167m。布维水库是继阿科松博水电站之后的第二大水电站，装机容量为 40 万 kW。它的设计目的主要是水力发电，还包括开发一个 $30000hm^2$ 的农业发展灌溉计划，为生态旅游事业和渔业发展提供条件。

2020 年，加纳水力发电装机容量为 1584MW，位列非洲 11 名。加纳发电主要依靠水力发电和天然气发电。2020 年，天然气发电量为 11590GWh，水电发电量为 7210GWh。1990—2020 年，加纳水力发电量变化如图 1 所示。

3. 供用水情况

加纳的主要消耗性用水为市政、工业和灌溉用水。2000 年，灌溉用水约 6.52 亿 m^3（占比为 66%），市政用水约 2.35 亿 m^3（占比为 24%），工业用水约 0.95 亿 m^3（占比为 10%），总取水量为 9.82 亿 m^3。

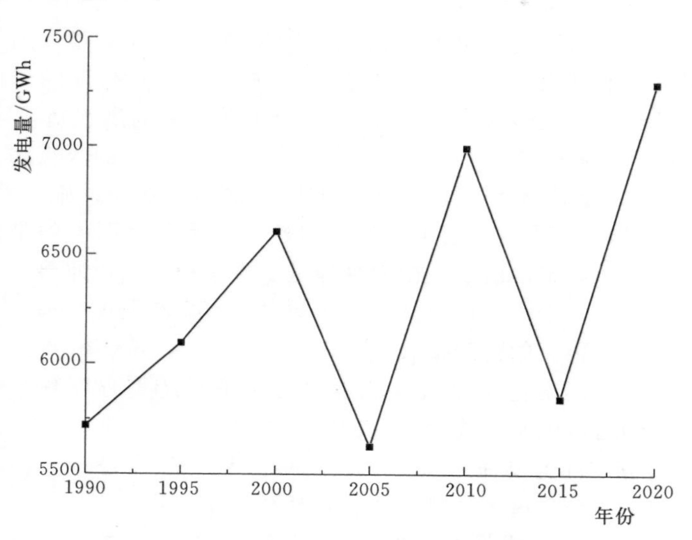

图 1　加纳水力发电量变化

仅就地表水资源而言，2020 年的消耗性用水需求预计为 50 亿 m^3，相当于地表水资源量的 12%左右。尽管水资源可以满足供水需求，但在覆盖率上却存在不足。城市供水覆盖率估计为 55%（2004 年），而农村和小城镇的覆盖率为 51.6%（2004 年）。

加纳的主要非消耗性用水是内陆渔业、水运输和水力发电用水。蓄水池和水库是为水力发电、饮用水供应和灌溉而建造的。阿科松博大坝距离沃尔特河源头 100km。该大坝创造了世界上最大的人造湖泊之一，当运行水位达到 88.5m 时，其水面面积约为 8500km^2。1981 年，克邦水库建成，形成了一个较小、较浅的蓄水池（Kpong Head - pond），面积约为 40km^2。其他重要的水库是分别位于登苏（Dentsu）河和奥芬（Offin）河的维加（Weija）水库和大洼（Owabi）水库。在沃尔特湖上，从阿科松博到布埃佩的 415km 长的河段都可通航。现有地表水可以满足非消耗性用水需求。

（三）洪水管理

1. 洪灾情况与损失

加纳是西非最容易发生洪水的国家之一。2017 年，加纳经历了极端的洪水，约 100 万人受灾。2018 年，高强度的降雨加上布基纳法索巴格雷（Bagre）大坝的泄洪造成的洪水造成了 10 万人受灾，摧毁了 $196km^2$ 的农田。除了每年发生的大洪水，加纳还经历了由洪水引发的灾害，破坏了重要的基础设施。例如，在 2015 年，阿克拉经历了一场由自然和人为因素引发的洪水和火灾的连环灾难。由于一根香烟掉进了洪水中，而洪水表面又有燃料，导致一个国有加油站发生了爆炸，152 人失去生命，并造成了数百万美元的财产损失。

由于气候变化，加纳洪水事件的频率和严重程度预计会增加，迫切需要洪水风险管理（FRM）制度。

2. 防洪工程体系

加纳已经建造了阿科松博、克邦和布维大坝。

3. 防洪非工程措施

加纳政府已经制定了一些防洪政策，主要包括《国家水政策》（*National Water Policy*）和蓝色议程（Blue Agenda），《国家水政策》通过采用洪水预警、确保与受影响社区协商实施减灾战略以及执行缓冲区法律来制定缓解洪水的措施。根据加纳《国家水政策》的规定，缓冲区法律旨在防止人们在距河岸一定距离内定居。蓝色议程（Blue Agenda）通过关注公众教育和执行建筑法规来解决洪水及其相关威胁。

4. 灌溉排水与水土保持

农业是加纳经济的关键部分，但农业抗风险能力差，依赖于大约 6 个月的雨水灌溉。干旱和其他类型的反季节天气给农业生产带来了风险。加纳拥有足够的水资源，可以进行灌溉集约化种植。

目前，全国各地有 22 个灌溉项目，由灌溉发展局建造，总面积达 $6505hm^2$。除此之外，还有 22 个小型灌溉发展项目

(SSIDP) 和 6 个小型农场灌溉项目 (SFIP) 的计划。这些项目的规模都小于 1000hm^2，只有托诺和克邦灌溉项目除外，这两个项目的面积约为 2500hm^2，已经开发完毕。灌溉项目的主要受益者是当地的小规模农民。然而，产出不尽如人意，而且项目缺乏维护，使大多数计划没有收益。

加纳地下水污染并不普遍，只限于一些农业用地。然而，有报告称，加纳出现了硝酸盐和磷酸盐浓度较高的问题，在农业用地附近更加严重。在一些地区，地下水盐浓度的升高限制了使用地下水进行灌溉。

四、水资源保护与可持续发展状况

(一) 水污染情况

加纳水质普遍良好，然而，在阿科玛丹地区，有报告称，由于杀虫剂的使用，水和灌溉地点附近的土壤中残留有杀虫剂。在库马西地区，许多用于城市周边灌溉的水源都受到严重污染，微生物污染程度较为严重，细菌和螺旋体感染风险升高。

采矿业在西南部的河流系统中占主导地位，在这个地区，由于氰化物和其他有毒化学品的使用，地表水和地下水已经被污染。

(二) 水质评价与监测

环境保护局 (EPA) 是参与水资源管理的机构之一。根据其任务和职能，它维持并执行向水体排放废水的标准，并通过环境影响评估 (EIA) 的概念来减少发展项目带来的负面影响。

五、水资源管理

自 20 世纪 90 年代初以来，加纳的水和卫生设施部门进行了重大改革。法律和监管机构，特别是在城市和农村的供水分部门现在已基本到位。水资源、工程和住房部 (MWR, WH) 在饮用水供应领域发挥了领导作用：致力于政策制定，并鼓励和支持其下属机构履行职责。所有分部门的政策都已合并到《国家水政策》(NWP) 和《国家环境卫生政策》(NESP) 中。地方政府和

农村发展部（MLGRD）的环境健康和卫生局（EHSD）在加纳的环境卫生方面发挥了重要作用。

沃尔特河流管理局（VRA）成立于 1961 年 4 月 26 日，根据加纳共和国第 46 号法案《沃尔特河发展法》，其任务是发电、输电和配电。然而，在 2005 年电力部门改革的背景下，加纳政府颁布了对《沃尔特河发展法》的重大修订，现在沃尔特河管理局的任务已基本限于发电。该修正案为吸引独立电力生产商（IPP）进入加纳能源市场创造了有利环境。

六、水法规与水政策

加纳水资源开发和利用的关键问题是确保可持续，同时如果存在资源的竞争性使用，则优先考虑城市用水需求。

灌溉分部门的政策改革战略是通过开发灌溉水资源来增加农业生产。一是将灌溉项目的成本限制在不超过 600 美元/hm^2；二是至少收回运营和维护成本；三是将项目管理移交给农民协会；四是从技术的开始和选择到灌溉项目的决策阶段，都让农民参与；五是受益社区或协会为小规模项目提供 10%～25%的项目成本。

七、国际合作情况

加纳涉及国际河流沃尔特河，沃尔特河流经 6 个国家：加纳、科特迪瓦、多哥、布基纳法索、贝宁和马里。目前没有共同开发沃尔特河的机制，但已经成立了一个常设联合委员会，讨论分享利益和加强合作，以便更好地管理沃尔特河流域。

津巴布韦

一、自然经济概况

（一）自然地理

津巴布韦全称津巴布韦共和国（The Republic of Zimbabwe），位于非洲东南部热带地区，北与西北以赞比西河为界，与赞比亚为邻（边界长 700km），东与东北和莫桑比克接壤（边界长 1300km），西与博茨瓦纳毗邻（边界长 640km），南以林波河与南非为界（边界长 250km），为内陆高原国，国境横跨以赞比西河及林波河为边界的高原地区，北部属赞比西河流域，南部主要属林波河流域。

津巴布韦是世界面积第五十九大国，国土面积 39 万 km^2，陆地边境线总计 3066km，最高海拔 2592m，最低海拔 162m，全国习惯上分为五大自然地理区域：①中央地区，从西南延伸至东北，海拔 1400～1700m；②中等高度稀疏草原地区，位于中央地区分水岭两侧，海拔 700～1200m；③赞比西河谷地带，位于北部，海拔 800m；④低地草原地区，位于中等高度稀疏草原的东南侧，是平均海拔低于 700m 的缓坡平原；⑤东部高地，即伊尼扬加山脉地带，长约 350km，高地西侧为萨比河流域，南侧地势平坦，适合作农业用地。

津巴布韦大部分为亚热带气候，昼夜温差大，年均气温 22℃；10 月温度最高，高达 35℃，7 月温度最低，约为 13～20℃，最低略低于 10℃。全年大致分为三季：4—8 月为凉季，9—11 月为热季，11 月至次年 3 月为雨季，雨季气候宜人，多年平均降雨量为 685mm，各地降水不均匀，北部和东部多，而南部和西部少。

津巴布韦是中央集权的国家，2004 年 2 月全国行政区划调整，由 8 个省增加到 10 个省，分别为：马尼卡兰（Manicaland）、东马绍纳兰（Mashonaland East）、中马绍纳兰（Mashonaland Central）、西马绍纳兰（Mashonaland West）、马旬戈（Masvingo）、北马塔贝莱兰（Matabeleland North）、南马塔贝莱兰（Matabeleland South）、中部（Midlands）、哈拉雷（Harare）和布拉瓦约（Bulawaya），其中哈拉雷为首都。

津巴布韦自 1982 年起，每 10 年进行一次人口普查，2019 年人口为 1464.55 万人，人口密度为 37.3 人/km^2，其中城市人口占 32.2%，农村人口占 67.8%；男性占 48%，女性占 52%；全国超过 99.4%的人口为非洲裔黑人，主要是绍纳族和恩德贝莱族；白人不足 1%，主要来自英国侨民。津巴布韦有 16 种官方语言，其中英语人口约占总人口的 2%，主要用于城市区域及行政、法律和学校单位等，而绍纳语人口最多，约占总人口的 70%，其次是恩德贝莱语人口，约占 20%。

据 2018—2019 年统计显示，津巴布韦可耕地面积为 400 万 hm^2，永久农作物面积为 10 万 hm^2，永久草地和牧场面积为 1210 万 hm^2，森林面积为 1753.67 万 hm^2，因此农业是其重要产业。

（二）经济与科技

津巴布韦为全球最不发达的国家之一，2019 年 GDP 为 169.32 亿美元，人均 GDP 为 1156.13 美元。津巴布韦的经济主要依靠第三产业，截至 2017 年，第三产业占 GDP 总量的 60%，津巴布韦的非正规经济在其经济中所占的比重为 60.6%，比例位居全球第二。

2000 年以来，因实施“快速土改计划”受到西方制裁，经济大幅缩水。外汇、燃油和生活必需品短缺，通货膨胀率激增，大量人口涌入邻国。2008 年 3 月后，经济状况进一步恶化，至当年年底经济基本崩溃，财政、金融和税收等关键部门基本停止运转，水电、通信、医疗、教育等社会公共管理职能几近瘫痪。2009 年 2 月，联合政府成立后，经济形势有所好转。2016 年以来，经济困难加剧，流动性严重短缺。2017 年 12 月，姆南加古瓦政府成立后，努力建设“经济新秩序”，但仍面临诸多困难。2019 年以来，受风灾和旱灾影响，经济陷入萎缩。2020 年，受新冠肺炎疫情影响，贸易、旅游、投资降幅较大。

津巴布韦土地总面积中 3330 万 hm^2 为农业用途，其余约 600 万 hm^2 用于国家公园、野生动物保护区及城市居民区。农业依旧是津巴布韦经济的支柱，为 60%～70%的人口提供了就业和收入，为工业部门提供了 60%的原材料，并贡献了国家 40%的总出口收入，对津巴布韦国内生产总值的贡献约为 17%，2019 年增加值为 9%。而农业中畜牧和烟草种植也是重要组成部分，津巴布韦曾是世界第三大烟草出口国。

工业也是津巴布韦的重要产业，约贡献 GDP 总量的 33%。津巴布韦具有丰富的矿藏资源，工业门类主要有金属和金属加工、食品加工、石油化工、饮料和卷烟、纺织服装、造纸和印刷等，分别约 15%和 4.5%的劳动人口从事工业与矿业。津巴布韦新政府成立后，召开矿业投资大会，推进国有企业改革，将矿业和制造业列入优先发展领域，建立黄金加工中心，出台钻石开采措施，增加矿产品出口附加值。

津巴布韦第三产业约贡献了全国 GDP 总量的 60%，但是从业人口并不多，仅 4.5%的劳动人口从事旅游业，另有 4%的劳动人口从事与此相关行业。全国有 70 多家星级旅馆，著名景点有维多利亚瀑布等，还有 26 个国家公园和野生动物保护区。对外贸易方面，津巴布韦约与 27 个国家或地区有贸易关系，主要出口烟草、黄金、铁合金，主要进口机械、工业制成品和化工产品。贸易伙伴主要有南非、美国、中国等。目前中国是津巴布韦第二大贸易伙伴，2019 年双边贸易额达 13.43 亿美元，同比增长 0.58%。

1980 年独立后，政府的主要政策目标是将科技发展视为经济社会发展的中心，2002 年出台科学技术政策，2005 年成立科技部来主管全国科学技术发展。政策发布后，津巴布韦科技发展取得了一定进展，特别是在通信技术、生物科技、空间技术和本

土知识体系方面。

二、水资源状况

（一）水资源量

2017年津巴布韦境内地表水资源量为112.6亿m^3，境内地下水资源量为60亿m^3，境内水资源总量为122.6亿m^3，境外流入的实际水资源量为77.4亿m^3，人均境内水资源量为849.1m^3/人（表1）。

表1　津巴布韦水资源量统计简表

序号	项　目	单位	数量	备　注
①	境内地表水资源量	亿m^3	112.6	
②	境内地下水资源量	亿m^3	60	
③	境内地表水和地下水重叠资源量	亿m^3	50	
④	境内水资源总量	亿m^3	122.6	④=①+②-③
⑤	境外流入的实际水资源量	亿m^3	77.4	
⑥	实际水资源总量	亿m^3	200	⑥=④+⑤
⑦	人均境内水资源量	m^3/人	849.1	
⑧	人均实际水资源量	m^3/人	1385	

资料来源：联合国粮农组织统计数据库。表中水资源量均指可再生水资源量。

（二）河流

津巴布韦北部与赞比亚接壤的是赞比西河，南部与南非接壤的是林波波河，这两条河都流入莫桑比克。津巴布韦主要有7个流域（EMA，2014）：瓜伊（Gwayi）、萨尼亚蒂（Sanyati）、马尼亚梅（Manyame）、马佐埃（Mazowe或Mazoe）、萨比（Save或Sabi）、伦迪（Runde）和乌姆津瓜尼（Umzingwane）。除了萨比和伦迪在与莫桑比克的边界汇合流入印度洋，其他所有主要河流都流入赞比西河或林波波河。津巴布韦河流径流量年际变化较大的赞比西河是非洲南部最大河流，全流域面积120万km^2，全长2574km，近1/3河段流经津巴布韦北部边境（中游河段）。津巴布韦河流众多，水体总面积占津巴布韦总面积的6.8%，但

多为季节性河流，在雨季过后的3～4个月有水，在下个雨季到来之前，河床干涸，而赞比西河和萨比河为常流河，近1/3河段流经津巴布韦北部边境。

三、水资源开发利用

（一）水利发展历程

津巴布韦近10年来总可再生能源量持续增加，2020年达到1198MW，蕴含的太阳能资源为17MW，生物能资源达到100MW，而其蕴含的可再生的水电资源高达1081MW，可见水能资源对于津巴布韦极为重要，占据经济发展的重要地位。津巴布韦的水利水电工程主要在20世纪90年代以前完成，最近30年建造（包括在建和拟建）20余座水库。津巴布韦的水利水电工程主要以中小型工程为主，工程主要目标主要为灌溉或供水，其建设方式多为私人或地方民办。截至1987年，津巴布韦已建水库总库容达45.7亿m^3，国际大坝委员会登记的大型水库97座，总库容39亿m^3，部落托管土地上，政府修建水库1465座，总蓄水量2.2亿m^3，这些工程主要为农业服务。据统计，津巴布韦2011年装机容量为754MW，2020年水力发电量为7.26TWh，国内库容大于5亿m^3的水库见表2。

表2　津巴布韦库容大于5亿m^3的水库（包括拟建）

水库名	所在河流	库容/亿m^3
卡里巴（Kariba）	赞比西河	940
尼亚塔纳（Nyatana）	马佐埃河	35
托奎-穆科西（Tokwe－Mukorsi）	托奎河	18
库都（Kudu）	卢安瓜河	15.51
穆蒂里克维（Mutirikwe）	穆蒂里克维河	14.25
康都（Condo）	萨韦河	12.3
瓜伊-尚加尼（Gwayi－Shangani）	瓜伊河	6.34

（二）开发利用与水资源配置

津巴布韦作为非洲南部一个发展中农业国，近百年来殖民统

治造成这个国家土地资源、水资源使用中的极度不平衡性，灌溉用水占比很大。随着人口增长，水资源面临越来越大的压力，人均水资源相对于周围国家很少，大部分河流又为季节性河流，用水情况取决于雨季蓄水量的多少。过去几十年，为缓解用水矛盾，津巴布韦在蓄水方面投入很大，共修建水库近万座，高15m以上的大坝200余座，主要用于灌溉，灌溉用水占总库容的75%，但由于灌溉技术落后，导致灌溉效率低下，仅达到30%～50%，因此提高灌溉用水效率是津巴布韦节约水资源的重要途径。

地下水层面，津巴布韦大规模含水层不发育，地下水的研究不很深入，有限的地下水资源主要供给农村居民用水。农村靠浅井与钻井取水，全国井眼约4000个。地下水水质污染状况有加剧趋势。

2017年国家取水总量为33.4亿m^3，人均取水总量为234.54m^3/人，农业取水量27.7亿m^3，占比83%，工业取水量0.8亿m^3，占比2%，城市取水量49亿m^3，占比15%。

总之，津巴布韦的水资源潜力十分有限，人口增长与工业发展决定其需水量将持续增长，但水质在不断恶化，水资源短缺问题还将持续严峻。

近几年津巴布韦将发电目光转移到了太阳能发电，但水力发电依旧是重要的发电方式。津巴布韦总装机容量约196.6kW，主要电站有万吉（Hwange）水电站（92万kW），卡里巴湖南岸（Kariba South）水电站（66.6万kW）和哈拉雷（Harare）、布拉瓦约（Bulawayo）、穆尼亚提（Munyati）三个小火电站（共37.5万kW），此外还有一些私人小型发电机发电。不过，由于设备老化、维护不当或水量不足等原因，实际发电量很低。目前，全国发电装机总量不足130万kW，而需求量超过220万kW。为弥补不足，津巴布韦从南非、赞比亚和莫桑比克进口电力（约占津巴布韦实际用电量的1/3）。

当地时间2018年3月28日，由中国承建的津巴布韦卡里巴南岸扩机工程竣工，标志着津巴布韦独立以来最大的水电项目全

面建成投产，总装机容量 105 万 kW，该工程为津巴布韦增加了 20%～30%的电力供应，大大缓解了电力短缺的局面。

（三）洪水管理

赞比西河卡里巴坝下游直至入海口的 1126km 河段内，在津巴布韦境内赞比西河南岸的低洼地，有甘蔗园和大片农田，并有马纳潭禁猎区，这些地区易受洪水威胁。据统计，津巴布韦每年有约 250 人遭受洪水袭击，1900—2016 年，津巴布韦共记录了 11 次严重洪水，总受影响人口 34 万余人。

津巴布韦目前采用两种洪水管理和缓解措施，即非工程和工程性措施。前者包括洪水预测、疏散、救援和重新安置受害者等，后者包括建造水库来蓄水。如卡里巴水库约可削减洪峰流量的 70%，相当于 75 年一遇的洪水的入库洪峰流量为 $14158m^3/s$，经水库调节，下游流量可小于 $3681m^3/s$。

（四）灌溉排水与水土保持

津巴布韦在第一次世界大战期间就开始有大型灌溉工程。最早的大型灌溉工程是东部地区奥特扎尼（Odzani）河上的引水工程，灌溉面积超 $600hm^2$。1920 年在索尔兹伯里（现称哈拉雷）附近马佐埃柑橘种植园地区修建了一座 27.5m 高的混凝土拱坝，蓄水 2200 万 m^3，1960 年加高，增加库容至 3500 万 m^3，可灌溉土地 $1900hm^2$。大规模灌溉开发计划是从 20 世纪 60 年代初修建库容为 13.32 亿 m^3 的凯尔（Kyle）坝开始的。目前全国灌溉面积约 15 万 hm^2，累计配套面积约 20 万 hm^2，灌溉方式以喷灌为主，滴灌等节水灌溉近几年发展较快，平移式喷灌机已停止使用。政府修建了大约 1.2 万个小型水库，在津巴布韦长期发展规划中，计划每年发展 1 万 hm^2 的灌溉设施，修复或恢复使用 $5000hm^2$ 的现有水利设施。此外，政府还计划开发修建赞比西灌渠，届时可覆盖 160 万～200 万 hm^2 的土地，形成旱涝保收的良好局面。津巴布韦的“小农户联合体灌溉管理经验”（即 Negomo 模式）曾被联合国粮农组织推荐为灌溉管理先进模式之一。

津巴布韦半干旱地区的南部低地草原区，大多采用地面排水和瓦管排水。比较干旱地区的大型灌区，部分灌溉土地采用局部地下排水。对易发生土壤盐碱化的低洼地区，一般铺设排水沟和聚乙烯塑料排水管，以控制盐碱化。

四、水资源保护与可持续发展状况

（一）水资源及水生态环境保护

津巴布韦水资源短缺，更多依靠雨水补给。按照人口增长速度考虑，到 2025 年，预估在非洲的东部和南部，部分国家将把可用水资源的使用限制在 1000～1700m^3/（人·年）以下，届时面临缺水的人口将多达 4.6 亿，其中就涉及津巴布韦。此外，非洲面临缺水压力的人口比例将会从 2000 年的 47%增至 2025 年的 65%，这将会产生水资源冲突，特别在干旱和半干旱区域。因此水资源开源与现有水资源的保护迫在眉睫。

2002 年环境管理委员会（EMB）制定了《环境管理法》，制定环保技术标准，并规定了违反环保法律的处罚原则。其中，污染水资源和污染空气可被处以不超过 1500 万美元的罚款，或被判处不超过 5 年的拘役，或同时处以罚款和拘役，同时要支付消除污染的费用并向第三方赔偿因污染而造成的损失。违法倾倒垃圾可被判处不超过 5 年的拘役，或被处以不超过 500 万美元的罚款，或同时处以罚款和拘役，同时要支付消除污染的费用并赔偿第三方因污染而造成的损失。违法排放危险物质可被处以不超过 1000 万美元的罚款，或被判处不超过 10 年的拘役，或同时处以罚款和拘役，同时要支付消除污染的费用并赔偿第三方因污染而造成的损失。相关技术标准可从环保局处获取。

（二）水污染情况

津巴布韦的水污染问题没有工业发达国家的严重，且津巴布韦的水环境问题多是局部性的。津巴布韦的水污染主要来自于采矿业、工业及普通的农业生产。如水体中的杀虫剂等化肥原料造成的污染，从 20 世纪开始，随着工农业的飞速发展与废水处理厂建设速度跟不上的矛盾日益突出，水污染问题也日益严重起来。1960年起，水库、湖泊等地方出现了藻华现象。近20年来，哈拉雷、布拉瓦约、马龙德拉和奇通维扎等城市的饮用水源受到严重污染，并导致婴幼儿产生了一些疾病。

津巴布韦的水污染除了受到工业废水和农业肥料的影响外，动物粪便、市政工程、工矿废水、城市雨水等也是重要的影响因素。

（三）水质评价与监测

津巴布韦制定了水质监测方案，经常收集水质样品进行物理和化学因素的水质监测，以确定不同水域的自然水质质量及水域中生物和化学要素的变化情况，来制定不同水域的废水排放标准。有些参数是取样后到实验室测量，有些参数是在常规采样点进行常规采样并在现场测量，以便于建立一个关于水质的数据库。

（四）水污染治理

整体来讲，津巴布韦关于水和废水的基础设施严重失修，为避免霍乱等病情的传播，需要进行维修。法规上，津巴布韦颁布了《水法》，包含了以前颁布的《水污染防治法》，用以治理水环境污染。为了保护水资源、预防水污染，政府严格控制排入水域的污水的质量，因此新的法规规定了排入水中污染物浓度标准，并且出台政策鼓励废水的再利用。该法规由水发展部的水污染控制科负责管理，在全国范围内对污染进行定位和调查，收集地表水和地下水的水质数据。

五、水资源管理

津巴布韦为国内机构取水实行申请许可制度以及谁污染谁负责的政策，此前哈拉雷市和鲁瓦地方委员会因将未处理的污水排放到环境中而被告上法庭。目前，津巴布韦需要强制执行法律以使水环境重回健康状态。环境管理机构（EMA）会定期检查河流的水质状态，每月进行采样监测和水质分析，对于江河发生污染的地区会立刻查明污染源，责令其24小时内整改。

六、国际合作情况

通过哈拉雷市议会（HCC），津巴布韦能够从南部非洲开发银行获得1亿美元的资金，用于改善该市的供水和污水处理系统。这笔贷款预计将大大增加水的产量，并确保污水厂以更高的能力运作。

截至2020年，中国资助津巴布韦价值逾20亿美元的项目，其中包括扩建主要发电厂、整修中央机场等。津巴布韦驻华大使马丁·切东多曾强调，希望中国为津巴布韦提供技术支持，在农业、矿业等关键领域进行投资，通过不断加强两国间的紧密合作，实现双赢的局面。

喀 麦 隆

一、自然经济概况

（一）自然地理

喀麦隆全称喀麦隆共和国（The Republic of Cameroon），国土面积 47.54 万 km^2，位于非洲中部，西南濒几内亚湾，西北接尼日利亚，东北界乍得，东与中非共和国、刚果（布）为邻，南与加蓬、赤道几内亚毗连。海岸基准线长 360km。约有 200 多个民族，主要有富尔贝族、巴米累克族、赤道班图族（包括芳族和贝蒂族）、俾格米族、西北班图族（包括杜阿拉族）。法语和英语为官方语言。约有 200 种民族语言，但均无文字。南部及沿海地区信奉天主教和基督教新教（占全国人口的 40%）；内地及边远地区信奉拜物教（占 40%）；富尔贝族和西北部一些民族信奉伊斯兰教（约 20%）。首都是雅温得（Yaoundé），人口 253.8 万人，年均气温 24.9℃，降雨量 1299mm，降雨期 133 天。喀麦隆西部沿海和南部地区为赤道雨林气候，北部属热带草原气候，年平均气温 24～28℃。

喀麦隆有三种主要的气候带：赤道气候、热带气候和介于两者之间的气候带。年降雨量变化较大，从南部的 9000mm 到最北端的 300mm，年平均降雨量为 1684mm。充沛的降雨为喀麦隆提供了丰富的地表水资源。喀麦隆为非洲第二大可用水资源国家。但是由于水资源管理不到位，使得水资源仍然处于缺乏状态。

从长期人口变化趋势上看，喀麦隆人口处于增长趋势，人口密度和城市人口百分比也逐渐上升。2020 年，喀麦隆人口为 2654.58 万人，城市人口百分比为 57.6%。2018 年人口密度为

53.3 人/km^2。

2018 年，喀麦隆土地面积为 4754.4 万 hm^2。其中，可耕地面积为 620 万 hm^2；永久农作物面积为 155 万 hm^2；永久草地和牧场面积为 200 万 hm^2；森林面积为 2045.25 万 hm^2，占土地面积的 43%。喀麦隆矿产资源较丰富。森林中可供开采面积 1690 万 hm^2 以上，木材蓄积总量 40 亿 m^3。石油储量估计为 1 亿多 t，天然气储藏量约 5000 多亿 m^3。

（二）经济

喀麦隆地理位置和自然条件优越，资源丰富。农业和畜牧业为国民经济主要支柱。工业有一定基础。独立后实行"有计划的自由主义"、"自主自为平衡发展"和"绿色革命"等经济政策，国民经济发展较快，20 世纪 80 年代初期经济增长率曾达到两位数，人均国内生产总值一度达到 1200 美元。1985 年后，由于受国际经济危机的影响，经济陷入困难。政府采取了一些措施，但收效甚微，与国际货币基金组织签署的四期结构调整计划均未完成。1994 年非洲法郎贬值后，经济形势开始好转，通货膨胀得到控制，外贸结构改善，工农业增产，财政收入大幅增加。喀麦隆政府加大经济结构调整力度，加强财政管理，推进私有化，国内生产总值连续保持增长。2000 年，喀麦隆顺利完成第五期结构调整计划，并被批准加入"重债穷国"减债计划。2000—2003 年，喀麦隆在国际货币基金组织资助下实施第二个"减贫促增长"计划。2006 年，世界银行、国际货币基金组织确认喀麦隆达到"重债穷国减债计划"完成点，外债获大幅减免。2008 年，受国际金融危机影响，财政关税和出口产品收入骤减，外部投资和信贷收紧，失业人数增多。2009 年，喀麦隆政府公布《2035 年远景规划》，重点是发展农业，扩大能源生产，加大基础设施投资，努力改善依赖原材料出口型经济结构，争取到 2035 年使喀麦隆成为经济名列非洲前茅的新兴国家。近年来，喀麦隆政府积极平抑国际金融危机的负面影响，加紧实施重大基础设施项目，解决能源供应短缺等问题，大力改善投资环境，经济平稳增长。

喀麦隆国内生产总值长期来看，处于不断增长过程中。2019年，喀麦隆GDP为390.07亿美元，人均GDP为1507美元。GDP构成中，农业增加值占16%，矿业制造业公用事业增加值占22%，建筑业增加值占6%，运输存储与通信增加值占8%，批发零售业餐饮与住宿增加值占21%，其他活动增加值占27%。2020年人均GDP为1502美元，比2019年降低3.18%。

二、水资源状况

（一）水资源

据联合国粮农组织统计，2018年喀麦隆境内地表水资源量约为2680亿m^3，境内地下水资源量约为1000亿m^3，重复计算水资源量约为950亿m^3，境内水资源总量为2730亿m^3，人均境内水资源量为10826m^3/人。2018年喀麦隆境外流入的实际水资源量为101.5亿m^3，实际水资源总量为2831亿m^3，人均实际水资源量为11229m^3/人（表1）。

表1　　喀麦隆共和国水资源量统计简表

序号	项　目	单位	数量	备　注
①	境内地表水资源量	亿m^3	2680	
②	境内地下水资源量	亿m^3	1000	
③	境内地表水和地下水重叠资源量	亿m^3	950	
④	境内水资源总量	亿m^3	2730	④=①+②-③
⑤	境外流入的实际水资源量	亿m^3	101.5	
⑥	实际水资源总量	亿m^3	2831	⑥=④+⑤
⑦	人均境内水资源量	m^3/人	10826	
⑧	人均实际水资源量	m^3/人	11229	

资料来源：联合国粮农组织统计数据库。表中水资源量均指可再生水资源量。

水力资源丰富，可利用的水力资源达2080亿m^3，占世界水力资源的3%。

（二）水资源分布

喀麦隆河网密布，大部分起源于国家中部的阿达马瓦平原，朝南、北两个方向流淌。在可用水资源总量中，地表水占21%（570亿m^3）。在供水丰富程度方面，喀麦隆在182个国家中位于第49位，属于水资源丰富的国家之一，并且喀麦隆地表水和地下水都可利用，不同大小和形状的湖泊随处可见。这些都充分说明喀麦隆是一个水资源相当丰富的国家。然而，由于地形复杂、降雨和气候变化多端导致水资源分布不均匀，在大部分农村地区，水资源需求大于供给。

三、水资源开发利用

（一）水利发展历程

水资源和能源部（MINEE）负责该国的水资源管理，水务公司负责工业及民用供水，约35%的人口有自来水供应（2011年数据）。

运行中的大型水库有6座，其中3座用于蓄水。所有水库总库容为13.8km^3，其中拉格都水电站水库总库容约为7.3km^3，有效库容仅为4.6km^3。正在修建坝高45m和坝高32m的混凝土面板堆石坝，其中隆潘卡尔（Lom Pangar）水库库容为70亿m^3。该国制定了2030年前的电力发展规划（PDSE2030），指出了该国的能源消费增长率，并建议开发水电站，以实现其南、北部与邻国的电网互联。2012年，该国一次能源消费量为36.575亿kWh，电网峰值需求为900MW，其总用电量为36.57亿kW，人均用电量为179kWh。同年水电约占该国总用电量的91.2%，剩余8.8%的用电量则依靠进口燃料的火电。

（二）开发利用与水资源配置

2017年，喀麦隆取水总量为11亿m^3。其中，农业取水量为7.4亿m^3；工业取水量为1亿m^3；城市取水量为2.5亿m^3；人均取水量总量为44.31m^3/人。2006年，70%的人口可以用上安全的饮用水，在中心城市为88%。在喀麦隆常住人口超过5000的300个中心城市中，仅有98个有供水网络。而且，一些小城市快速地城市化往往会引起服务系统瘫痪，暴露出现有基础设施的不足，许多城市边缘的居民得不到安全的饮用水。另一个问题是供水损失量不断上升，从 1990 年的 25%增加到 2000 年的 40%，反映出水网系统老化以及维护手段落后。现实中的水供应状况要比统计数字严重得多。卫生状况也不容乐观，尤其是在农村地区，在城市仅有 58%的人口拥有改进的卫生设施，而在农村这一比率仅为 42%。

（三）水力发电

1. 水电开发程度

喀麦隆水电潜力为 2300 万 kW（撒哈拉以南非洲第二大），每年为 10.3 万 kWh。小水电（0.1 万 kW 以下）的潜力为 10 亿 kWh：东部和西部地区的潜力尚未开发。截至 2013 年，喀麦隆的总装机容量为 93.3 万 kW，其中有 77%来自水电。该国还有 120 万 kW 的水电储量没有开发，只有 10%正在开发中，其中的一半储量在萨纳加河流域。

喀麦隆理论水电总蕴藏量约为 2940 亿 kWh，技术可开发量为 1150 亿 kWh，经济可开发量为 1050 亿 kWh，截至目前仅开发了约 4%的技术可开发量。约 8.8%的发电量依靠进口燃料。1985 年以来，水电装机容量 72.1 万 kW 相继投运。水电站年均发电量约为 47.8 亿 kWh（2011 年统计），约占该国总用电量的 91.2%。目前，运行中装机容量大于 1 万 kW 的水电站有 3 座，役龄超过 40 年的水电机组约占 21%。在建水电装机容量 24.5 万 kW，包括位于洛姆河上的隆潘卡尔和莫坎（Mekin）等 3 座水电站。隆潘卡尔水电站可提高萨那加河上水电站年发电装机约 12 万 kW；从长远来看，该电站还可促进萨那加河下游的水电梯级开发。2012 年，喀麦隆政府和英国一家以能源生产为专业的公司签署了谅解备忘录，启动装机容量 45 万 kW 的水电项目，这是梯级开发的第一步，最终开发总装机容量将达 85 万 kW。已规划的项目主要有装机容量 120 万 kW 的努恩-伍里（Noun-Wouri）水电站等。

2. 水电装机容量及发电量情况

曼维莱水电工程位于喀麦隆南部的马安省，靠近赤道几内亚边境。装机容量为 20 万 kW，由英国 CDC 投资集团（原为英联

邦开发公司）开发。

隆潘卡尔水电站坝址位于洛姆河，上距潘卡尔河交汇口4km，下距萨纳加河交汇口13km。大坝将蓄水以调节年径流，使萨纳加河全年的保证流量增加720～1040m^3/s。2012年3月，世界银行批准了1.32亿美元的零利率贷款用于该项目。其他大约4.94亿美元的项目资金来自非洲开发银行、欧洲投资银行、法国发展署以及喀麦隆政府。该项目由喀麦隆国营电力开发公司管理。

3. **小水电**

在该国南部及西南部地区，正在规划的小水电项目总装机容量达1.5万kW，年发电量将达到1.05亿kWh。同时，正在修建装机2700kW的加索纳瀑布（Gassona falls）小水电站。目前，还在开发装机容量为6万kW的太阳能光伏电站。2005年，该国颁布了1996号环境法，适用于所有类型项目的评估。环境与自然保护部负责该国的环境保护管理。

四、水资源保护与可持续发展状况

喀麦隆处于7个跨国界流域之中。该国4个主要流域中的3个分别是非洲三大河流域尼日尔（Niger）河、乍得（Chad）湖和刚果（Congo）河流域的一部分，而这三大流域又是非洲五大重要流域的组成部分，它们涵盖了1/3的非洲大陆以及23个不同的国家。喀麦隆各流域信息汇总见表2。

表2　　喀麦隆各流域信息汇总

流　域	流域总面积/km^2	流域内的国家	喀麦隆所占流域面积/km^2	喀麦隆占流域面积比例/%
阿克帕（Akpa）	4900	喀麦隆、尼日利亚	3000	61.65
贝尼托/恩特姆（Benito/Ntem）	45100	喀麦隆、加蓬、赤道几内亚	18900	41.87
刚果河	3691000	13个国家	85200	2.31
克罗斯	52800	喀麦隆、尼日利亚	12500	23.66

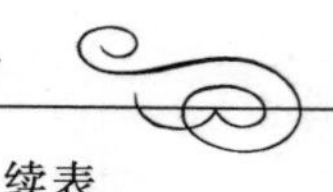

续表

流　域	流域总面积/km²	流域内的国家	喀麦隆所占流域面积/km²	喀麦隆占流域面积比例/%
乍得湖	2388700	9 个国家	46800	1.96
尼日尔	2113200	11 个国家	88100	4.17
奥果韦（Ogooue）	223000	加蓬、刚果布、喀麦隆、赤道几内亚	5200	2.34
总计	259700			

五、水资源管理

喀麦隆水利主管部门是水利与能源部。由于横向协作关系，水资源管理还涉及多个部，如城市发展和住房部、城镇部、农业和农村部、牲畜部、渔业和动物部、环境和自然保护部、经济部、规划和区域开发部、公共卫生部、商业部、财政部和交通部等。

水利与能源部负责制定和实施与水有关的政策，同时它也是一个协调机构，负责实施执行与污染物管理以及与城市和农村地区的供水和卫生有关的项目，另外它还负责污染物检测和控制、对违规者进行处罚以及估算工商业用户的用水量以计算取水费。除此之外，为加强贯彻 1998 年颁布的《水法》，依照 2001 年 5 月签订的实施办法，水利与能源部具有颁发取水和排水执照的权利。

其他单位例如私人公司、电力公司以及一些非政府组织，也在水资源利用和管理上发挥了一定的作用。另外，一些国际援助组织也给水利基础设施建设提供了资金和技术支持。

六、水法规与水政策

喀麦隆 1996 年颁布的《环境法》、1998 年颁布的《水法》是目前水资源立法的基础。颁布《水法》的目的是对《环境法》进行补充，因此《环境法》的原则也同样适用于《水法》。

这些法律遵从《都柏林原则》的第一条：水资源是脆弱的，

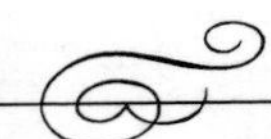

需要优先保护。目前的法律并没有注重强调《都柏林原则》第三条中规定的妇女在水的供应、管理和保护方面起着的重要作用。这些法律提到了水的经济价值，但在水资源恢复的支出力度上还不够，只有大的商业和工业用户被要求支付取水费。自来水公司不要求支付此类费用，因此国内消费者仅需支付固定资产投入以及取水、处理水并把水转入用户点的劳动力费用。

七、国际合作情况

喀麦隆水利资源丰富，但因为缺乏资金修建水处理厂，目前的供水能力只能满足一半人的用水需求。与中国、日本、韩国、英国、法国等在水资源和能源方面均有合作。法国电力国际（EDF International）、喀麦隆政府和国际金融公司（IFC）分别出资 40％、30％和 30％成立纳提加水电公司（NHPC），建设总投资预计达 11 亿美元的纳提加上游水电站项目。与日本在供水和电力建设方面，实施眼井和水电站建设，如奥拉姆泽（Olamze）、恩多卡约（Ndokayo）和甘贝蒂卡尔（Ngambe Tikar）电站等。与中国在供水和基础设施建设方面有良好的合作关系，中国企业承建的克里比（Kribi）工业港综合体和隆潘卡尔（Lom Pangar）水力发电大坝是中国公司与喀麦隆合作的两个典范。2013 年，喀麦隆水资源和能源部、韩国国际合作署（KOICA）与韩国水资源公社（K－water）在雅温得签署了一份名为《水电基础设施发展与管理》的谅解备忘录；与英国 CDC 集团开发的装机容量为 200MW 的曼维莱水电工程，带动了该地区的进一步投资。

肯 尼 亚

一、自然经济概况

（一）自然地理

肯尼亚全称肯尼亚共和国（The Republic of Kenya），位于非洲东部，东邻索马里，南接坦桑尼亚，西连乌干达，北与埃塞俄比亚、南苏丹交界，东南濒临印度洋，海岸线长约536km。国土面积58.26万km^2，其中森林面积约8.7万km^2，约占国土面积的15%，北部沙漠和半沙漠地带面积约占国土面积的56%。首都内罗毕（Nairobi）位于肯尼亚中南部。

肯尼亚地形丰富，印度洋沿岸为宽约200km的平原地带，其余大部分为高原山地，平均海拔1500m。东非大裂谷东支纵切高原南北，将高地分为东、西两部分。其中，东部海拔500m，西部是东非裂谷带的东支，海拔2000～3000m。大裂谷谷底在高原以下450～1000m，宽50～100km，分布着深浅不等的湖泊，并屹立着许多火山。肯尼亚山位于肯尼亚中部，赤道以南约16.5km，主峰巴蒂安峰海拔5199m，山顶有积雪，为肯尼亚最高峰及非洲第二高峰。

肯尼亚全境位于热带季风区，但由于平均海拔较高，大部分地区属于热带草原气候。沿海地区湿热，高原地区气候温和，没有明显的四季，3—6月和10—12月为雨季，其余为旱季。年降雨量自西南向东北由1500mm递减至200mm。全年最高气温为22～26℃，最低气温为10～14℃。

（二）经济与科技

2019年，肯尼亚人口为4756.4万人。全国共有44个民族，主要有基库尤族（17%）、卢希亚族（14%）、卡伦金族（11%）、

卢奥族（10%）和康巴族（10%）等。此外，还有少数印巴人、阿拉伯人和欧洲人。斯瓦希里语为国语，和英语同为官方语言。全国人口的45%信奉基督教新教，33%信奉天主教，10%信奉伊斯兰教，其余信奉原始宗教和印度教。根据联合国粮农组织统计资料，肯尼亚2019年可耕地面积为2740万hm^2，其中耕地面积为610万hm^2，永久性牧场面积为2130万hm^2，主要粮食作物有玉米、小麦和水稻，主要经济作物有咖啡、茶叶、剑麻、甘蔗、除虫菊精和园艺产品（花卉、蔬菜、水果）。

2020年肯尼亚GDP为958亿美元，人均GDP为1782美元。肯尼亚是撒哈拉以南非洲经济基础较好的国家之一，实行以私营经济为主体的混合型经济体制，私营经济在整体经济中所占份额超过70%。农业、服务业和工业是国民经济三大支柱，茶叶等农产品、旅游、侨汇是三大创汇来源。农业是国民经济的支柱，产值约占国内生产总值的近1/3，其出口占总出口一半以上。全国约80%的人口从事农牧业。肯尼亚工业门类较齐全，是东非地区工业最发达的国家。工业主要集中在内罗毕、蒙巴萨和基苏木这三大城市。制造业约占国内生产总值的10%。旅游业是肯尼亚第二大外汇收入来源。主要旅游点有内罗毕、察沃、安博塞利、纳库鲁、马赛马拉等地的国家公园、湖泊风景区及东非大裂谷、肯尼亚山和蒙巴萨海滨等。

二、水资源状况

（一）水资源量

肯尼亚可与境外交换的水资源主要来源于埃塞俄比亚的奥莫湖，境内流入图尔卡纳湖，水量约为10亿m^3；另一方面，每年约89亿m^3的地表水由肯尼亚流向其他国家。其中，84亿m^3由维多利亚湖流入乌干达，5亿m^3由阿西-加拉纳河流入索马里。

肯尼亚对于外部水的依赖性指数约为33%。2014年人均可再生水资源占有量为692m^3。由于人口增长，到2030年，这一数值将降至500m^3的绝对缺水阈值。

2018 年肯尼亚境内地表水资源量约为 202 亿 m^3，境内地下水资源量约为 35 亿 m^3，重复计算水资源量约为 30 亿 m^3，境内水资源总量为 207 亿 m^3，人均境内水资源量为 402.8m^3/人。2018 年肯尼亚境外流入的实际水资源量为 100 亿 m^3，实际水资源总量为 307 亿 m^3，人均实际水资源量为 597.4m^3/人（表 1）。

表 1　肯尼亚水资源量统计简表

序号	项　　目	单位	数量	备　注
①	境内地表水资源量	亿 m^3	202	
②	境内地下水资源量	亿 m^3	35	
③	境内地表水和地下水重叠资源量	亿 m^3	30	
④	境内水资源总量	亿 m^3	207	④=①+②-③
⑤	境外流入的实际水资源量	亿 m^3	100	
⑥	实际水资源总量	亿 m^3	307	⑥=④+⑤
⑦	人均境内水资源量	m^3/人	402.8	
⑧	人均实际水资源量	m^3/人	597.4	

资料来源：联合国粮农组织统计数据库。表中水资源量均指可再生水资源量。

（二）河川径流

肯尼亚河流、湖泊众多，主要分为六大流域，各流域的水资源分布并不均匀。维多利亚湖北部流域（LVNCA）、维多利亚湖南部流域（LVSCA）、裂谷流域（RVCA）、阿提流域（ACA）、塔纳流域（TCA）和埃瓦索-恩格罗北部流域（ENNCA），分别约占全国面积的 3.0%、5.0%、22.5%、11.5%、21.7%和 36.3%。

塔纳河（Tana）河是肯尼亚最长的河流，发源于阿伯德尔山脉，在基皮尼注入印度洋，流域面积 12.6 万 km^2，约占肯尼亚国土面积的 21%。河流全长超过 1000km，平均宽度为 39.3m，平均深度为 2.5m，平均过流量为 41.98m^3/s。塔纳河上游流经高地，谷深流急；中游穿过干旱的尼卡高原；下游段水势平稳，可通航。塔纳河上游建有恩达凯尼（Ndakaini）大坝，沿岸有五座相互串联的水电站群，包括马辛格电站、坎布鲁电站、吉塔鲁电站、金达鲁马电站和基安贝雷电站，被称作“七岔口水电站”。

阿西-加拉纳河（Athi－Galana）是肯尼亚第二长河，总长为390km，流域面积约为7万km^2。肯尼亚主要河流及年径流量情况见表2。

表2　肯尼亚主要河流及年径流量

河流名称	年径流量/亿m^3
塔纳（Tana）河	47
恩佐亚（Nzoia）河	19.24
松杜（Sondu）河	12.33
亚拉（Yala）河	9.62
加拉纳（Galana）河	8.88
库查（Cucha）河	8.63
瓦索尼罗（Ewaso Ngiro）河	7.40
尼扬多（Nyando）河	4.93

（三）天然湖泊

肯尼亚的主要湖泊除维多利亚（Victoria）湖、奈瓦沙（Naivasha）湖和巴林戈（Baringo）湖外，大部分都是咸水湖。

维多利亚湖位于肯尼亚以西，面积为6.89万km^2，是非洲面积最大的淡水湖和世界第二大淡水湖。图尔卡纳湖绝大部分位于肯尼亚北部境内，总面积为0.64万km^2，是肯尼亚最大的湖泊。该湖属于咸水湖，由于无湖水流出口，导致盐度持续增加，湖水不能用于灌溉。图尔卡纳湖国家公园现已被联合国教科文组织列为世界遗产，湖东岸是希比罗依国家公园，而湖中则是中央岛国家公园和南岛国家公园。

根据《拉姆萨尔公约》，纳库鲁湖、奈瓦沙湖、博戈里亚湖、巴林戈湖、埃尔门特拉湖以及塔纳河三角洲被列为国际重要湿地，总面积超过26.5万hm^2。

（四）国际河流

肯尼亚与多个国家陆上接壤，主要国际河流水域情况见

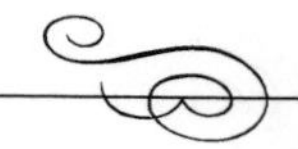

表3。

表3　　肯尼亚主要国际河流

河流名称	总流域面积/km²	肯尼亚境内流域面积占比/%	共有国
潘加尼河流域（中东部海岸）	43650	5	坦桑尼亚
安巴（Umba）河			坦桑尼亚
裂谷流域	637593	20	吉布提，厄立特里亚，埃塞俄比亚，南苏丹，乌干达，坦桑尼亚
奥莫（Omo）湖（流入图尔卡纳湖）			埃塞俄比亚
尼尔河流域	3112369	1.5	布隆迪，刚果民主共和国，埃及，厄立特里亚，埃塞俄比亚，卢旺达，南苏丹，苏丹，坦桑尼亚，乌干达
西奥（Sio）河			乌干达
马拉巴（Malaba）河			乌干达
马拉基斯（Malakisi）河			乌干达
马拉（Mara）河（流入维多利亚湖）			坦桑尼亚
谢贝利-朱巴河流域	810427	26	埃塞俄比亚，索马里
拉格-代拉（Lagh-Dera）河			索马里
拉格-博尔（Lagh-Bar）河			索马里
拉格-博加尔（Lagh-Bogal）河			索马里
达瓦（Dawa）河			埃塞俄比亚

数据来源：联合国粮农组织，1997。

（五）水能资源

肯尼亚全国水电开发潜能约538亿kW，主要分布在纳塔河流域和肯尼亚西部地区。

截至2018年，肯尼亚全国电力装机容量约281.8万kW，其中水电占32%，居第一位；实际发电约11620亿kWh，水电占36%，居第二位。2020年，肯尼亚水电装机容量约83.7万kW，发电量约3520亿kWh。

斯瓦克大坝项目位于肯尼亚西南部，是肯尼亚在建的最大水利水电工程，由中国能建葛洲坝集团承建，是肯尼亚当前单体在建最大的集大坝、供水、灌溉、发电于一体的综合水利枢纽项目。

三、水资源开发利用

（一）开发利用与水资源配置

1. 开发利用

肯尼亚的水资源利用以地表水为主，另有少量淡化海水用于沿海地区旅游业供水。

蒙巴萨港是东中非最大的港口，也是东中非内陆国家货物进出口的主要中转港，有22个深水泊位、2个大型输油码头，可停泊2万t级货轮。2019年，蒙巴萨港货物吞吐量达到3440万t，同比上涨11.3%；标准集装箱吞吐量141.6万个。

2. 坝和水库

肯尼亚大中型水库（大坝坝高大于15m）总库容约248亿m^3，都具有水力发电和城市供水功能。此外，全国共有约4100座小型水库，可提供1.84亿m^3的储水量，为各方面用水提供保障。

3. 供用水情况

2010年，肯尼亚总需水量超过3.2亿m^3。其中，农业用水占比59%（灌溉用水占50%），生活用水占比37%，工业用水占比4%。超过60%的用水需求都集中在阿提流域和塔纳流域。

水资源管理协会（WRMA）2015年发布的数据显示，在2013年，水资源管理协会办理的取水许可所分配的总水量为50.57亿m^3，其中64%为农业用水，22%为市政用水，14%为工业用水。

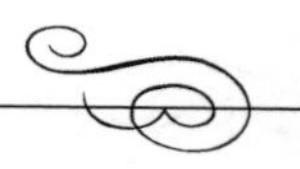

（二）洪水管理

2018 年 3 月 9 日晚，连日降雨造成内罗毕西北的纳库鲁郡一座水坝溃坝，洪水冲毁下游村落。肯尼亚最长的河流塔纳河流域受灾严重，洪水导致河流决堤，多个村落被淹。此次强降雨和次生灾害造成数百人遇难，超过 22 万人流离失所。

2020 年 5 月，肯尼亚西部的恩佐亚河出现决堤，肯尼亚西部维多利亚湖附近的主要粮食产区布西亚郡大片农田、村庄被淹，不少房屋被毁。2020 年长雨季，肯尼亚受灾人数达到 23 万人。

肯尼亚恩佐亚防洪项目位于肯尼亚主要粮食产区布西亚郡，项目由世界银行全额出资，是肯尼亚的重点防洪项目。施工现场位于肯尼亚第二大河——恩佐亚河的下游，主要施工任务为河道两岸防洪堤改造、加固和升级。

（三）灌溉排水与水土保持

1. 灌溉与排水发展情况

园艺业发展和园艺作物的出口是肯尼亚灌溉发展的主要动力。园艺业采用了先进的节水灌溉技术，如滴灌和温室栽培等。2010 年的统计数据显示，肯尼亚官方管理的灌溉面积约为 15.06 万 hm^2，其中 96%为完全控制灌区。在完全控制灌区中，有 70%采用地表灌溉，22%采用喷灌，8%采用局部灌溉。

2. 灌溉与排水技术

根据灌区所有权不同，肯尼亚的灌溉模式主要可分为以下四种。

（1）个体灌溉模式。

1）基于社区的灌溉：由农民自治的中小型灌溉单元，部分农民群体共享一个灌溉系统，由用水者协会（IWUAs）进行运作。目前，肯尼亚约有 3600 个这样的灌溉单元，覆盖面积占总灌溉面积的 43%左右。

2）农场联盟灌溉：既可以由个人主导也可以由公司主导。这种灌溉模式覆盖了约 39%的灌溉面积。大多数农场采用了现代灌溉技术，为国内外市场生产高价值的经济作物。

（2）集体灌溉模式。

集体灌溉模式覆盖面积约占总灌溉面积的18%，是一种较大规模的灌溉管理系统。肯尼亚的集体灌溉模式存在着严重的管理问题，有部分区域无法正常运作。

1）国家管理灌溉系统：由国家灌溉委员会（NIB）统一管理，如莫阿（Mwea）、阿赫罗（Ahero）、西卡诺（West Kano）、布尼亚拉（Bunyala）等。也包括一些政府与农民组织（如WUAs）共同管理的模式。

2）机构管理灌溉系统：如由区域发展局（RDA）、农业发展公司（ADC）、国家青年服务局（NYS）、监狱、大学管理的灌溉系统。

肯尼亚灌溉用水主要来自于地表水（86%）和地下水（14%），灌溉工程包括供水管道、运河等。由于缺乏投资，公共投资建设的灌溉设施发展缓慢。近年来，灌溉系统的升级更新主要依赖于园艺业市场的私人投资。

3. 盐碱化治理

肯尼亚有约2400万hm^2的土地面临盐碱化和钠化现象，其中40%位于干旱和半干旱地（ASALs）地区。

4. 水土保持

由于人类活动、过度放牧和过度耕种等不良耕作方式、无复种的乱砍滥伐等原因，肯尼亚主要森林流域出现了水土流失现象，主要表现为侵蚀加剧和水系流量减少。另一方面，肯尼亚园艺业和果树种植业的发展对于森林覆盖率的恢复起到了一定的积极作用。

肯尼亚部分湿地被用于农业种植，由于当地在湿地筑坝储水，湿地的季节性水补给过程被切断，不利于可持续发展和湿地保护。

四、水资源保护与可持续发展状况

（一）水污染情况

水污染问题目前在肯尼亚并不严重，但也不容忽视。由于内罗毕市的污水处理不完善以及内罗毕河支流的非法污水排放，阿提河受到了一定程度的污染。农业和工业废水的排放使得奈瓦沙胡、图尔卡纳湖、巴林戈湖和博格利亚湖的水质恶化。城市人口的增长带来了大量的生活污水排放，对下游水系如纳库鲁湖的水质造成了威胁。部分湿地用于排放工业废水和城市生活污水，面临着水体富营养化的风险。

（二）水质评价与监测

肯尼亚水资源管理局针对点源污染清单编制了污水排放控制计划（EDCP），将实施该计划的点数作为评估点源污染治理绩效的指标。全国六大片区设置了水质监测站，每年读取 4 次水质数据进行检测，并定期对地下水采样检测，实现对面源污染的追踪。

（三）水污染治理

肯尼亚只有 29 个城市中心具备污水处理系统，并且其中大部分建造于国家独立之前，亟待修复。当前污水处理系统的处理能力为 34.1 万 m^3/天。

五、水资源管理

（一）管理机构及其职能

肯尼亚水资源管理职责由农牧渔部门（MALF）承担，取代了先前的水利与灌溉部（MWI），该部门依据《水法》于 2002 年设立，先于水资源管理发展部（MWRMD）。

MALF 内部，由灌溉排水局（IDD）和国家灌溉委员会（NIB）共同管理灌溉相关事务。IDD 负责整体协调工作和个体灌溉的管理，NIB 负责集体灌溉的管理。

其余国家涉水管理机构还包括：环境、水务和自然资源部，能源部，国家财政部，管理规划部，土地、住房和城市发展部，工业发展部和卫生部等。另外，水资源管理局（WRMA）负责水资源配给和取水许可的发放，供水服务监管委员会（WAS-REB）、国家节水和管道公司（NWCPC）、肯尼亚水务研究所

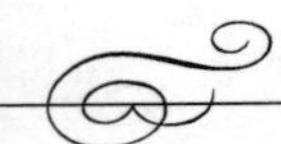

(KEWI)、区域供水服务委员会（WSB）负责供水和水质管理，以流域为单位对国家水资源进行管理调度。

国家以下级别，由 6 个区域发展机构（RDAs）负责对应片区的规划和发展，其职能与 MALF、IDD 和 NIB 存在一些重合部分。

（二）涉水国际组织

肯尼亚是尼罗河流域国家组织（NBI）的成员国。该组织于 1999 年由 9 个尼罗河沿岸国家共同发起，旨在加强流域内合作，总部位于乌干达的恩德培。

六、水法规与水政策

（一）水法规

2010 年《肯尼亚宪法》附表四第 1 部分第 2 条涉及国际水域和水资源管理，环境及自然资源保护相关内容，其中提到“水资源保护，确保足量水资源供给，水利工程和大坝安全”。

（二）水政策

2007 年，肯尼亚水价为：每天不超过 $300m^3$ 的部分为 50 美分/m^3，超过部分按 75 美分/m^3 计算。

七、国际合作情况

肯尼亚、乌干达和坦桑尼亚联合签署了《维多利亚湖三方协议》，确立了维多利亚湖环境管理计划（LVEMP），其主要目标是恢复维多利亚湖的生态系统。

利　比　亚

一、自然经济概况

（一）自然地理

利比亚全称利比亚国（State of Libya），地处非洲北部，东接埃及和苏丹，西邻突尼斯和阿尔及利亚，南接尼日尔和乍得，北濒地中海，海岸线长约1900km。沿海和东北部内陆区是海拔200m以下的平原，其他地区基本上被沙砾覆盖，为向北倾斜的高原和内陆盆地。高原上分布一些海拔500～1500m左右的山脉，与意大利隔海相望。国土面积176万km^2，其土地面积的94%是沙漠和半沙漠地区。

利比亚北部沿海属亚热带地中海式气候，冬暖多雨，夏热干燥；内陆区属热带沙漠气候。其夏季平均气温为35℃，冬季平均气温为15℃。年平均降水量从北往南由500～600mm递减到30mm以下，常有来自南面撒哈拉沙漠的干热风为害。中部的塞卜哈是世界上最干燥的地区之一。

利比亚全国划分为22个省，3个地区。首都为的黎波里（Tripoli）。

2019年，利比亚人口为677.75万人，人口密度为3.9人/km^2，城市化率80.4%。利比亚人口主要是阿拉伯人，其次是柏柏尔人。阿拉伯语为国语。绝大多数居民信仰伊斯兰教。

2019年，利比亚可耕地面积为172万hm^2，永久农作物面积为33万hm^2，永久草地和牧场面积为1330万hm^2，森林面积为22万hm^2。

（二）经济

利比亚属于中高等收入国家之一。石油是利比亚的经济支

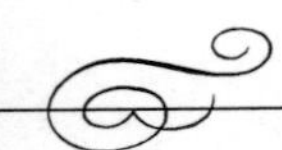

柱，绝大部分出口收入来自石油。20世纪50年代发现石油后，利比亚石油开采及炼油工业发展迅速，主要出口至意大利、德国、西班牙、法国等国。其他工业有石化、建材、电力、采矿、纺织业、食品加工等。利比亚农业非常落后，农业人口占全国总人口的24%，其中牧民和半牧民约占农业人口的一半，主要农作物有小麦、大麦、玉米、花生、柑橘、橄榄、烟草、椰枣、蔬菜等。畜牧业在利比亚农业中占重要地位。全国有牧场850万hm^2。养殖的牲畜约1160万头，主要为羊、骆驼、牛，其中牛107万头，羊1038万只，骆驼23万峰。利比亚食品自给能力不足，近一半的粮食和畜牧产品依赖进口。

2019年，利比亚GDP为520.91亿美元，人均GDP为7685.93美元。GDP构成中，农业增加值占1%，矿业制造业公用事业增加值占66%，建筑业增加值占1%，运输存储与通信增加值占3%，批发零售业餐饮与住宿增加值占5%，其他活动增加值占24%。

2019年，利比亚谷物产量为22万t，人均32kg。

二、水资源状况

（一）水资源量

据联合国粮农组织统计，2017年利比亚平均降雨量为56mm，折合水量985.3亿m^3。2017年，利比亚境内地表水资源量和地下水资源量分别为2亿m^3和6亿m^3，扣除重复计算水资源量（1亿m^3），境内水资源总量为7亿m^3。人均境内水资源量为106.4m^3。2017年利比亚无从境外流入水资源量，实际水资源总量为7亿m^3，人均实际水资源量为106.4m^3/人（表1）。

表1　　利比亚水资源量统计简表

序号	项　　目	单位	数量	备　注
①	境内地表水资源量	亿m^3	2	
②	境内地下水资源量	亿m^3	6	

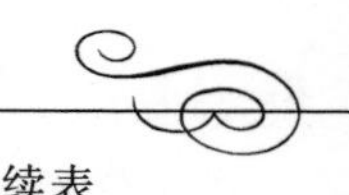

续表

序号	项　目	单位	数量	备　注
③	境内地表水和地下水重叠资源量	亿 m^3	1	
④	境内水资源总量	亿 m^3	7	④=①+②-③
⑤	境外流入的实际水资源量	亿 m^3	0	
⑥	实际水资源总量	亿 m^3	7	⑥=④+⑤
⑦	人均境内水资源量	m^3/人	106.4	
⑧	人均实际水资源量	m^3/人	106.4	

资料来源：联合国粮农组织统计数据库。表中水资源量均指可再生水资源量。

（二）水资源分布

利比亚境内无常年河流，无大湖泊，但地下水资源丰富，井泉分布较广，成为主要水源。

利比亚约有 3000 股泉水，产水能力为 0.2～3000L/s，大多可饮用或用于农业。全国最大的泉是托奥加（Tawrgha）泉，产水能力为 3000L/s。利比亚全国 17 个省拥有水质不同、含水层深度不同的地下水。其中储量最大的地区是库夫拉（Kufra）、塞里尔（Sarir）、穆祖克（Murzuq）、卡兰舒（Calanshio）等沙漠地带。据估算，库夫拉地区的储水量约达 250 亿 m^3，含水层深度 1～100m。

（三）利比亚“大人造河”

利比亚气候干旱，水资源短缺。1953 年，利比亚在南部搜寻新油田时发现了大量的地下水，其储存量相当于尼罗河 200 年的总流量。为了解决用水问题，利比亚领导决定将撒哈拉沙漠的地下淡水抽上来，再用累计全长 4000km、直径 4m 的巨型钢筋混凝土管道，输送到全国各地。该工程项目是当今世界上的水利工程之最，被称为“世界的第八大奇迹”。

“大人造河”（Great Man - Made River）实际上是利比亚境内的“南水北调”工程，工程分为 5 个阶段进行，全部费用都由政府承担，无需任何国外援助。一期工程于 1984 年开工，从赛里尔出发铺设 2 条长约 1200km，直径为 4m 的钢筋混凝土管道

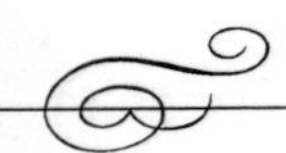

分别向班加西（Benghazi）和苏尔特（Sirt）输水，总输水能力为200万m^3。二期工程将从费赞（Fezzan）抽水到的黎波里和杰弗拉平原，日输水能力为100万m^3。三期工程将在一期工程基础上规划扩建，东线管道向南延长到库夫拉，日输水能力为350万m^3，四期工程将铺设从艾季达比耶（Ajdabiya）到东北沿海城镇图卜鲁格（Tobruk）的管道。五期工程需要在苏尔特和的黎波里之间埋设一根沿海管道，以便将东西两部的管道连成一体。

三、水资源开发利用

（一）开发利用与水资源配置

1. 水利发展历程

利比亚地表水的可获取量十分有限，虽然没有常年河流，但有大量的山谷，对农业生产有重大的作用。早在罗马时代，人们就在全国各地的山谷上修建农田水利设施。据统计，当时全国农产品有7%依赖于干谷耕作。另一方面，人口密集的山谷，有些会受到洪水灾害的影响。

在沿海一带城市和农村人口集中的地方，含水层水位下降，土地的含盐量不断增加，而这一切都是由于地下水遭到过量抽取而造成的。1983年在首都的黎波里西海岸建成一座海水淡化厂，解决了滨海城镇的用水紧张状况，该厂每小时可生成淡水100m^3，电解盐4.5t。同时，针对人口密集的滨海地区农业、工业及居民用水难题，兴建“大人造河”工程，将撒哈拉沙漠的地下水通过管道输送到各地。

2. 水库

2017年利比亚大坝总库容为3.9亿m^3，人均库容为59.25m^3，比2015年的61.16m^3下降了3.13%。

利比亚运行中的大坝有18座。尽管该国拥有若干大水库，但水资源短缺仍是该国面临的主要问题。利比亚地表水资源仅约占该国可开采水资源总量的1.5%。政府认为，海水淡化及污水处理是解决该国未来水危机的主要方式。

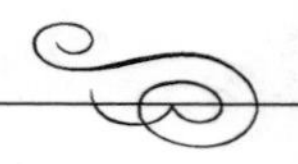

3. 供用水情况

2017年，利比亚取水总量为58.3亿m^3，其中95%左右来自地下水，不可再生的深层地下水占比较高。农业取水量占83.19%，工业取水量占4.8%，城市取水量占12.01%。人均年取水量为872.9m^3。2018年，利比亚71.2%的人口实现了饮水安全，其中城市地区72.1%的人口、农村地区68.3%的人口实现了饮水安全。

（二）水力发电

利比亚无水电站，政府正规划开发大量的可再生能源项目。目前，该国有5座风电站和4座太阳能电站，分别处于不同的开发阶段。

（三）灌溉情况

利比亚农业产量主要依靠"大人造河"提供的地下水资源，而非地表水资源。未来几年，预计农业灌溉设备用水将由140万m^3/天增加至220万m^3/天。根据发展规划，预测2025年前，该国用水需求每5年的增长率约10%。这将意味着到2025年，利比亚供水将面临1100万m^3/天的赤字。

据联合国粮农组织资料显示，2017年，利比亚有效灌溉面积为40万hm^2，实际灌溉面积为32万hm^2，实际灌溉比例为79%。

（四）洪水管理

2013年11月30日的暴雨引发山洪暴发使的黎波里这座城市的大部分地区被洪水淹没，人们被困在的黎波里街头的汽车内。

2019年距离的黎波里西南约1300km的加特镇因强降雨造成严重洪灾，超过2500名利比亚人被迫离开家园。不断上升的洪水造成了严重的损失，几条主要道路被封锁和损坏，除此之外，加特镇唯一的医院被淹，一些地区的房屋和庄稼被毁，依赖农田作为唯一收入来源的人们将面临未来的重大挑战。

1978年利比亚建成两座目标为防洪的堆石坝塔布-雷特坝和

达客尔坝。另外还建成7座以防洪和灌溉为目标的坝。

四、水资源管理管理体制、机构及其职能

利比亚水资源管理的主要机构有：

（1）水利总局（General Authority of Water Resource）。成立于1972年，是中央管理机构，直接对总统负责。承担全国水资源政策的制定，审批由政府有关部门提交的水利工程计划，拟定水法草案并保证法律的实施。

（2）农业发展部（Agricultural Development Department）。实际上是杰弗拉平原、费赞、库夫拉和杰贝勒阿克达地区成立的促进水利工程发展的机构，有很高的自主权。

（3）规划部（The Ministry of Planning）。负责审定水资源开发计划和工程方案。

（4）土地改革和修复总局。1970年成立，负责灌溉、水土保持及有关工程的实施。

五、国际合作情况

利比亚大人造河工程预计总投资250亿美元，分五期实施，目前已完成大半。为了使这一举世瞩目的工程得以顺利实施，利比亚成立了专门的政府机构——利比亚大人造河工程管理执行局，以负责这一工程的具体工作和财政问题。

这一工程的主要特点之一是广泛的国际合作。主要的参加者有：在利比亚成立的，独立的、监督这个大型“人造河”工程的工程局管理和执行委员会，局总部设在班加西，在美国得克萨斯州休斯敦设有代办处；英国伦敦和美国得克萨斯州休斯敦的布朗和鲁特（海外）公司制定概念性的和初步的工程设计，起着工程咨询单位的作用；第一、二期工程均由韩国的东亚财团承包施工；总部在美国俄亥俄州代顿的普莱斯兄弟公司是技术咨询单位和制管机械及设备的供货商。

马达加斯加

一、自然经济概况

（一）自然地理

马达加斯加全称马达加斯加共和国（The Republic of Madagascar），是位于非洲大陆以东、印度洋西部的岛国，首都为塔那那利佛（Antananarivo）。马达加斯加国土面积59.07万km^2，超过90%的国土均位于马达加斯加岛，此外还包括周边零散分布的岛屿。

马达加斯加岛是非洲第一大、世界第四大岛，隔莫桑比克海峡与非洲大陆相望，海岸线长约5000km。东海岸沿线有一条狭长险峻的陡崖，岛屿中部为海拔在750～1500m的高原。

马达加斯加地形独特，降雨量在时间和空间上存在较大差异。东部属于热带雨林气候，终年湿热，年降雨量达2000～3800mm，年平均气温约24℃；中部高原属于热带高原气候，气候温和，年降雨量为1000～2000mm，年平均气温约18.3℃；西部处在背风一侧，降雨较少，属于热带草原气候，年降雨量为600～1000mm，年平均气温约26.6℃；南部属于半干旱气候，年降雨量低于600mm，年平均气温约25.4℃。受季风影响，全岛4—10月为旱季，凉爽少雨，11月至次年3月为雨季，温暖潮湿。

（二）经济与科技

马达加斯加约有2770万人口（2020年），马达加斯加人占总人口的98%以上，由伊麦利那、贝希米扎拉卡、贝希略等18个民族组成。此外，在马达加斯加定居的尚有少数科摩罗人、印度人、巴基斯坦人和法国人，另有华侨和华裔约5万人。民族语

言为马达加斯加语（属马来-波利尼西亚语系），官方通用法语。居民中信奉传统宗教的占52%，信奉基督教（天主教和新教）的占41%，信奉伊斯兰教的占7%。马达加斯加全国可耕地面积880万hm^2，已开发耕地面积280万hm^2。土地肥沃，气候适合各种热带、温带粮食和经济作物生长。耕地2/3以上种植水稻，其他粮食作物有木薯、甘薯、玉米等，粮食不能自给。主要经济作物有甘蔗、香草、丁香、胡椒、咖啡、可可、棉花、花生、棕榈等。

马达加斯加是世界最不发达国家之一。马达加斯加政府财政连年赤字，金融业欠发达。2020年，马达加斯加GDP约为135亿美元，经济增长率为－4.2%，其中第一产业增长3.1%；第二产业下滑19.3%；第三产业下滑4.5%。国民经济以农业为主，严重依赖外援，工业基础薄弱。2015年农业产值占国内生产总值的24.1%。全国牧场面积为34.05万km^2，占国土面积的58%。沿海以及河流、湖泊盛产各类鱼虾、海参、螃蟹等。2015年工业产值占国内生产总值的18.1%，主要有炼油、发电、纺织和服装加工、农产品加工等。马达加斯加矿藏丰富，主要矿产资源有石墨、铬铁、铝矾土、石英、云母、金、银、铜等，其中石墨储量居非洲首位。此外还有较丰富的宝石、半宝石资源以及大理石、花岗岩和动植物化石。由于独特的地形分布，马达加斯加珍稀动植物种类繁多，旅游资源丰富，但服务设施不足。

马达加斯加科研水平落后。据联合国教科文组织数据，研发支出占GDP比重仅为0.15%，远低于全球2.27%的平均水平。马达加斯加主要科研机构为六大公立高校、三家高等技术研究院（IST）以及国家环境研究中心等国家级科研机构（CNR）。

二、水资源状况

（一）水资源量

马达加斯加的地下水资源主要集中用于南部半干旱地区。2018年马达加斯加境内地表水资源量约为3320亿m^3，境内地下水资源量约为550亿m^3，重复计算水资源量约为500亿m^3，

境内水资源总量为 3370 亿 m^3，人均境内水资源量为 12832m^3/人。由于马达加斯加是一个岛国，2018 年可从境外获取的水资源量为零，依赖性指数也为零。实际水资源总量为 3370 亿 m^3，人均实际水资源量为 12832m^3/人（表 1）。

表 1　　马达加斯加水资源量统计简表

序号	项　目	单位	数量	备　注
①	境内地表水资源量	亿 m^3	3320	
②	境内地下水资源量	亿 m^3	550	
③	境内地表水和地下水重叠资源量	亿 m^3	500	
④	境内水资源总量	亿 m^3	3370	④=①+②-③
⑤	境外流入的实际水资源量	亿 m^3	0	
⑥	实际水资源总量	亿 m^3	3370	⑥=④+⑤
⑦	人均境内水资源量	m^3/人	12832	
⑧	人均实际水资源量	m^3/人	12832	

资料来源：联合国粮农组织统计数据库。表中水资源量均指可再生水资源量。

（二）河川径流

马达加斯加的河流均起源于中部高地，向东流入印度洋或向西汇入莫桑比克运河，东部河流多短急，西部河流多长缓。马达加斯加的 4 条主要河流分别为贝齐布卡河、齐里比希纳河、乌尼拉希河和曼古鲁河。

贝齐布卡（Betsiboka）河位于马达加斯加中北部，河道全长 525km，流域面积约 49000km^2，流量 400～4500m^3/s，是马达加斯加最大的河流。该河是运输中部高地侵蚀物和沉积物的主要通道，河水呈现和土壤颜色相同的红色，大部分沉淀物在河口处聚集形成三角洲。由于森林火灾、森林砍伐和过度放牧等人类活动的影响，近 30 年来河口附近的水深和流量呈逐步下降的趋势。

齐里比希纳（Tsiribihina）河位于马达加斯加中西部，河道全长 100km，流域面积 4.98 万 km^2，是马达加斯加第三大河流。发源自米安德里瓦祖附近，流经贝马拉哈国家公园，最终注入莫

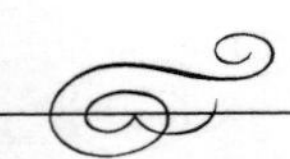

桑比克海峡。

乌尼拉希（Onilahy）河位于马达加斯加南部图利亚拉省，发源自贝特鲁卡附近山区，最终注入莫桑比克海峡，河道全长525km，流域面积约 3.16 万 km^2。

曼古鲁（Mangoro）河位于马达加斯加东岸，处于阿那拉芒加区，最终注入印度洋，河道全长 300km，流域面积 1.72 万 km^2。

（三）天然湖泊

马达加斯加岛共有约 1300 个湖泊和泻湖，其中较大的天然湖泊有西部的金科尼湖、安克特拉卡湖、伊霍特里湖、齐马纳姆佩佐萨湖、东部的阿劳特拉湖和中部的伊塔西湖。沿海湖泊多分布于东部带状低地，并通过 600 多 km 长的庞加拉纳运河（Canal des Pangalanes）相连。2013 年，9 个湿地根据《拉姆萨尔公约》被列为国际重要湿地，总面积超过 100 万 hm^2，其中 70 万 hm^2 位于阿拉奥特拉湖流域，35 万 hm^2 位于诺西沃洛河流域。

（四）水能资源

马达加斯加中部和北部地区河流众多，水系发达，拥有丰富的水力资源，水电开发潜力很大。2013 年，马达加斯加水电装机容量约 124MW，总发电量约 700 亿 kWh。2020 年，马达加斯加水电装机容量约 186MW，总发电量约 810 亿 kWh，年内装机容量增长位居非洲国家第五。

境内 13 座较大水库的总库容约为 4.93 亿 m^3，其中 3.85 亿 m^3 用于水力发电。马达加斯加国际统计局（INSTAT）发布的经济数据简报显示，2020 年全年发电量 18.4 亿 kWh，其中热力发电占 55%、水力发电占 45%；用电量 13.3 亿 kWh；平均电价为515 阿里亚里（约合 0.14 美元）/kWh。

三、水资源开发利用

（一）水利发展历程

1978 年，马达加斯加建造小型塘坝来取代传统的引水灌溉

模式，以发展水稻种植。由于马达加斯加频繁受到热带气旋袭击，需要投入大量人力财力进行水利农业基础设施的修复。2006年以来的国家流域灌溉方案（PNBVPI）侧重于修复，而无余力进行新农水设施的建设。

马达加斯加目前拥有15个海港。塔马塔夫（图阿马西纳）港是全国第一大港，承担了全国超过80%的航运任务。其他主要国际海港有多凡堡（陶拉纳鲁）港、迭戈（安齐拉纳纳）港、马任加（马哈赞加）港、图利亚港等。

（二）开发利用与水资源配置

1. 开发利用

马达加斯加水资源丰富，主要问题是水资源的区域间调配和水质问题。西部沿海地区地下水量充沛。南部地区较干燥，河流均为季节性河流，对地下水资源依赖程度较大。由于当地水文地质条件的复杂性和钻探能力的限制，地下水利用率并不理想。此外，全球气候变化引起的干旱问题使得供水压力进一步增加。

2. 供用水情况

2005年，农业用水为130亿m^3（占比为96%），市政用水为3.95亿m^3（占比为2.9%），工业用水为1.62亿m^3（占比为1.1%）。由于地下水开采成本较高，国内80%的用水依赖于地表水供应。灌溉用水多利用地表水，水井和钻孔开采的地下水主要用于饮用水供应。

（三）洪灾情况与损失

马达加斯加中部高地地区的森林砍伐使得河道侵蚀和水土流失严重，极端洪水引起的滑坡频发。每年12月至次年3月之间是马达加斯加受热带气旋袭击最严重的时期，至少会受到3～4次气旋袭击。热带气旋带来的极端降水加剧了沿海地区的洪水灾害和侵蚀。1990—2013年，有1300万人次受到65次气象灾害影响，其中50次为气旋灾害，造成了约10亿美元的经济损失，并影响到了粮食和饮用水安全，造成了灌溉系统、公共卫生系统等多方面损失。并且马达加斯加是对全球气候变化最敏感的地区

之一。随着气候变暖，极端洪水、降雨和干旱情况都将有所增加。

2003年1月26日，马达加斯加中部塔那那利佛省和菲亚纳兰楚阿省发生严重水灾，造成16人死亡，2.5万余人无家可归，部分地区水稻颗粒无收。据估计，水灾给该地区造成的直接经济损失达1.5亿多美元。2007年3月15日，马达加斯加北部和西北部地区遭飓风“因德拉拉”的袭击。2012年3月，马达加斯加遭遇热带风暴“乔万娜”袭击，造成65人死亡，3人失踪，大面积农田被毁。2015年4月，马达加斯加连遭飓风和暴雨侵袭，部分河流决堤、漫堤，大量道路、桥梁、房屋等基础设施及农田被毁。首都塔那那利佛受灾严重，市区低洼区域全部被淹。洪水造成超过6万人受灾，24人死亡，3万多人无家可归。2017年，埃纳沃气旋破坏了马达加斯加约250处供水系统，超过1300口水井受到污染。2018年1月，热带风暴“阿瓦”造成51人死亡，22人失踪；同年3月，热带风暴“伊莱基姆”摧毁了超过2000所住宅，冲毁数座桥梁，1.9万人受到影响。

(四) 灌溉排水与水土保持

1. 灌溉与排水发展情况

马达加斯加以水稻为主要作物，水稻种植在灌溉农业中占主导地位。

2000年，完全控制灌溉总面积为108.63万hm^2，再加上0.975万hm^2的无设备减产作物，农业用水控制总面积为109.60万hm^2。总控制区的供水主要来自地表水。最常见的供水工程是取水口和导流坝。马鲁武艾平原（Marovoay）只有0.35万hm^2由13个泵站灌溉。灌溉技术方面，除莫龙达瓦-达巴拉平原的0.24万hm^2喷洒灌溉外，其余均为地表灌溉。

根据2005年的农业普查，近70%的水稻种植园自运河引水灌溉。采用部分控制或完全控制灌溉方式的水稻占全国水稻收获面积的79%，为124.48万hm^2（MA，2007年）。2008年，这一面积达到了162.06万hm^2，其中106万hm^2在旺季灌溉，28万hm^2在反季节灌溉，28.1万hm^2在雨季灌溉。

2013年，控制农业用水的总面积增加到120万hm^2，包括90.48万hm^2配备完全控制灌溉的土地、25.46万hm^2未配备的浅滩作物和4.06万hm^2未配备的减量作物。特别是在塔那那利佛省和菲纳兰措省，完全控制灌溉占主导地位，而无设备的浅滩作物主要在马哈扬加省种植。

2. **灌溉与排水技术**

马达加斯加的灌溉区按照面积大小可分为面积大于500hm^2的大型灌溉区（GPI）、200～2500hm^2的小型灌溉区（PPI）、面积小于200hm^2的微型灌溉区（MPI）和面积仅有几百平方米的家庭灌溉区（PF）。

自从2006年通过《关于发展集水区和灌溉区的政令》以来，灌溉区开始根据水利农业基础设施的复杂性以及周边管理和维护的方式进行分类。具体类别如下：

（1）国家参与管理和维护，基础设施未移交给用水者协会（WUA）的周边地区。

（2）只有AUE负责维护的独立灌区。

四、水资源保护与可持续发展状况

（一）水资源与水生态环境保护

由于人为活动影响，马达加斯加已经失去了超过80％的天然湿地，43％的淡水生物物种（包括水鸟）生存正受到威胁。

1990年以来，马达加斯加清除了北部和西部约20％的红树林，用于燃料开采和农业养殖，由于上游灌溉取水使得来水量减少，红树林生态系统还在进一步退化。全球气候变暖导致的海平面上升进一步加剧了海水倒灌和沿海土地侵蚀盐碱化问题，也造成了红树林系统的淹没。

（二）水污染情况

首都塔那那利佛和全国的卫生条件都很差，大多数家庭没有卫生设施。污水经泵站和管道收集后不经处理即排放到马赛沼泽、安德里安塔尼运河和阿诺西湖，最终流入城市下游的伊科帕河。大部分地下水都存在被粪便污染的情况。由于经济落后，城

市垃圾处理场和废水处理场的设施老化，处理需求远超其设计能力，也会造成局部地表水和地下水污染。当地的矿产资源开发也造成了一定程度的化学水污染。

（三）水质评价与监测

在塔那那利佛和马希齐（Mahitsy）等城市地区进行的地下水质研究表明，地下水中存在严重的硝酸盐污染和氯化物含量升高问题，其中硝酸盐浓度达世界卫生组织的指导浓度水平10倍以上。东北部沿海城市地区的水井中，部分地下水的pH值偏低，并检出了高浓度的铁和盐。东南部地区的地下水中检测到了控制疟疾使用的杀虫剂，以及来自矿场排污的铀元素。中部高地区和沿海地区的地下水中，铁含量较高。由于海水倒灌，南部地区和安德罗伊（Androy）地区的沿海地区冲积含水层中的地下水不适合饮用。

马达加斯加缺乏对地表水和地下水水质的全面监测和水文资料定期收集整理，这大大增加了水资源综合管理整治的难度。

五、水资源管理

参与马达加斯加水管理的主要机构是：

（1）水、环境卫生和卫生部（MEAH），成立于2015年，源自2008年成立的水务部和水资源管理部（DGRE）。

（2）隶属于总统府的农业、畜牧业部（MPAE），包括农业总局（DGA），水稻推广和发展局（DPDR），农村工程局（DGR），灌溉、设备和发展服务处（SIEA）。

（3）环境、生态和森林部（MEEF）及其国家环境办公室（ONE）。

（4）负责饮用水和卫生的国家水和卫生管理局（ANDEA），国家水、卫生和农村工程中心（CNEAGR），塔那那利佛市自治维护服务机构（SAMVA）。

（5）隶属于国家环境办公室（ONE）的环境化学信息管理部MECIE，负责监管环境质量和工业生产，管理环境质量和工业废水，协调、收集和传播环境数据和水质信息，但由于预算短

缺，其数据管理系统（TBE）存在很多不足，无法实现水资源综合管理，并且缺乏监测实时数据和对污染事件进行抽查的能力。

马达加斯加水和卫生监测系统（SE&AM）由水、环境卫生和卫生部管理，掌握水文地质和用水情况的补充数据。

六、水法规与水政策

（一）水法规

水部门主要依据1999年颁布的《水法》（第98-029号法）对水资源进行管理。《水法》为确保水资源综合管理创造了条件，并建立了促进水和卫生部门合理发展的制度框架。1990年第90-016号法设立了用水者协会，并规定了将灌溉区管理权移交给用水者协会的条件。2003-793法令规定了授予取水授权的程序；2003-940法令规定了地下水保护的范围；2014-042法令规定了水利农业网络的修复、管理、维护、保护和监管责任，并取代了1990年的90-016法令。关于饮用水供应基础设施的国家指令（2015-1042法令）用于保护社区基础设施免受气候危害。

与水部门相关的主要政策和计划有：2007年水电部门政策信函；2013—2018年国家水、环境卫生和卫生战略；1991年以来不断更新的环境行动计划（PNAE）等。此外，马达加斯加涉水法律还包括《水资源保护法》。

（二）水政策

在马达加斯加，水本身不收费，但用水者协会承担维护周边和运营办公室的费用，这些费用由他们自己根据工作计划确定，并向用户收取。国家对尚未转让的大型战略设施进行技术监督和维护，并参与转让基础设施的重大维修工作。马达加斯加国家水电公司（JIRAMA）垄断了全国电力和自来水销售业务。

水务方面，2020年马达加斯加国家水电公司生产自来水1.3亿m^3，同比增长3.1%。平均水价为989阿里亚里（约合0.26美元）/m^3，上涨0.4%。用水量为7321万m^3，同比下降2.9%。

七、国际合作情况

近年来，马达加斯加积极参与发展中国家小水电国际合作交流活动和“一带一路”计划。

非洲电力公司正通过与德国国际合作机构、欧盟、世界银行/国际金融公司、工发组织、非洲国家和地区的合作，提供广泛的技术援助，支持马达加斯加的能源发展战略，帮助其制定新的法律和法规，以促进私营部门主导的IPP模式的地热、太阳能、风能、水能和生物质能项目投资。

马 拉 维

一、自然经济概况

(一) 自然地理

马拉维全称马拉维共和国（The Republic of Malawi），位于非洲东南部，北与坦桑尼亚接壤，东、南与莫桑比克交界，西与赞比亚为邻。马拉维是内陆国家，因拥有一个被称为“内海”的马拉维湖而得名，被誉为“非洲温心”。国土总面积为 11.84 万 km^2，其中水域面积 2.42 万 km^2，约占全国总面积的 1/5。

马拉维地形狭长，南北走向长约 840km，东西宽度为 80～160km，全境分为大裂谷、中央高原、高地和孤立山脉四个自然地理区。东非大裂谷（西支）贯穿全境，形成高原山地、马维拉湖和希雷（Shire）河的断裂槽谷。北部是尼卡（Nyika）高原和维非亚（Viphya）高原，中部是中央高原。高原山地的东侧是狭长的马拉维湖，湖东侧是东非大裂谷（东支），东北侧属坦桑尼亚，东南侧为莫桑比克领土。马拉维南部除了马拉维湖南面的松巴（Zomba）高原外大多数是低地。

马拉维属热带草原气候，雨量适中，气候温和，年平均气温在 20℃左右。全年可分三个季节：凉爽干燥季节、热季和雨季。5—8 月为凉爽干燥季节，高原地区平均气温为 15.5～18℃，裂谷地区平均气温为 20～24.5℃，最冷月份是 7 月，最高气温为 22.2℃，最低气温为 7℃；9—11 月是热季，高原地区平均气温为 20～24℃，裂谷地区平均气温为 27～30℃，10—11 月，低地地区最高气温有时高达 37℃；11 月到次年 4 月为雨季，降雨量约占全年总降雨量的 90%。大部分地区年平均降雨量为 760～1015mm，一些高原地区降雨量曾超过 1525mm，特别是姆兰杰

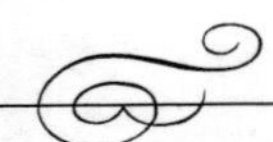

(Mulanje) 山东面迎风坡降雨量高达 2150mm。

全国分为 3 个区 28 个县，首都利隆圭（Lilongwe）。2019 年马拉维总人口为 1912 万人，人口稠密，平均密度为 161.38 人/km^2。人口最密集的区域是奇尔瓦（Chirwa）湖、姆兰杰山地与希雷河之间地区，北部高原地区和山岳地带则人烟稀少。多数居民为班图语系黑人，主要民族为契瓦族、隆韦族和尧族。英语和奇契瓦语为马拉维官方语言，多数居民信奉基督教新教和天主教（69%），少数信奉伊斯兰教（25%），其余信奉原始宗教。

2019 年，马拉维可耕地面积为 360 万 hm^2，永久农作物面积为 20 万 hm^2，永久草地和牧场面积为 185 万 hm^2，森林面积为 232.57 万 hm^2。

（二）经济

马拉维 2020 年经济发展受新冠肺炎影响较大，GDP 为 80.54 亿美元，人均 GDP 为 421 美元。2019 年，马拉维 GDP 为 108.63 亿美元，人均 GDP 为 568.15 美元。GDP 构成中，农业增加值占 31%，矿业制造业公用事业增加值占 13%，建筑业增加值占 3%，运输存储与通信增加值占 9%，批发零售业餐饮与住宿增加值占 20%，其他活动增加值占 24%。

马拉维矿藏有煤、铝矾土、石棉、石墨、磷灰石、铀、铁矿等。工业生产中主要是初级产品加工业，包括烟草、茶叶、蔗糖、酿酒、棉纺、菜油、建材和食品加工等。农业是国民经济支柱行业，主要粮食作物有玉米、高粱、小米、豆类、水稻、木薯等。主要经济作物有烟草、茶叶、甘蔗等，是非洲最大烟草生产国之一。

二、水资源状况

（一）水资源

2018 年马拉维境内地表水资源量约为 161.4 亿 m^3，境内地下水资源量约为 25 亿 m^3，重复计算水资源量约为 25 亿 m^3，境内水资源总量为 161.4 亿 m^3，人均境内水资源量为 889.6m^3/人。2018 年马拉维从境外流入的实际水资源量为 11.4 亿 m^3，实际水资源

总量为172.8亿 m^3，人均实际水资源量为952.4m^3/人（表1）。

表1　　马拉维水资源量统计简表

序号	项　目	单位	数量	备　注
①	境内地表水资源量	亿 m^3	161.4	
②	境内地下水资源量	亿 m^3	25	
③	境内地表水和地下水重叠资源量	亿 m^3	25	
④	境内水资源总量	亿 m^3	161.4	④=①+②-③
⑤	境外流入的实际水资源量	亿 m^3	11.4	
⑥	实际水资源总量	亿 m^3	172.8	⑥=④+⑤
⑦	人均境内水资源量	m^3/人	889.6	
⑧	人均实际水资源量	m^3/人	952.4	

资料来源：联合国粮农组织统计数据库。表中水资源量均指可再生水资源量。

（二）水资源分区

根据国家水资源总体规划（National Water Resource Master Plan），全国分为17个水资源分区：希雷（Shire）河、奇尔瓦（Chirwa）湖、西南湖岸（South West Lakeshore）、林提佩（Linthipe）河、布阿（Bua）河、杜万瓜（Dwangwa）河、北鲁库鲁河（North Rukuru）、南鲁库鲁河（South Rukuru）和北鲁姆菲（North Rumphi）、松圭河（Songwe）和卢菲拉（Lufira）、东南湖岸（South East Lakeshore）、奇尤塔（Chiuta）湖、利科马（Likoma）岛、奇祖穆鲁（Chizumulu）岛、鲁奥（Ruo）河、恩克霍塔库塔湖岸（Nkhotakota Lakeshore）、恩卡塔湖岸（Nkhata Lakeshore）、卡隆加湖岸（Karonga Lakeshore）。

（三）河川径流

马拉维是内陆国家，境内河流、湖泊众多，主要河流是希雷河、鲁奥河等。

希雷河是唯一一条从马拉维湖南端流出的河流，经马隆贝（Malombe）湖流入莫桑比克后与赞比西河汇合，向东流入印度洋。希雷河长483km，是马拉维最主要的河流，流域面积18.78万 km^2，

年径流量约 98 亿 m^3。希雷河不但为马拉维提供了丰富的渔业资源和电力资源，而且也是马拉维主要的航道。希雷河是常年河流，但由于气候变化，部分河流在旱季变得干涸。希雷河的支流主要是一些季节性和间歇性的河流，每年总水量的 80%左右集中在雨季，在流入希雷河之前，已因其沙质河床的渗漏而丧失了大量水流。

鲁奥河是希雷河所有支流中最大的一条支流，流域面积约为 $4921km^2$，包括姆兰杰（Mulanje）山脉的大部分和林贝以南希雷高地东部。其汇水区雨量大，河水流速急，常使希雷河下游地区遭遇洪灾。

其他河流有北鲁库鲁河、南鲁库鲁河、杜万瓜河、布阿河、利隆圭河及林提佩河等（表 2）。这些河流的流量随季节变化有很大差异，洪峰流量高达 $1000m^3/s$，而干季流量非常小。马拉维地下水资源不丰富，主要用于生活供水。

表 2　　马拉维主要河流流量

河　流	流量/（m^3/s）	河　流	流量/（m^3/s）
希雷河	>141.58	布阿河	0.141～184.06
北鲁库鲁河	0.085～679.6	林提佩河	<960
杜万瓜河	>0.85	利隆圭河	<960

资料来源：《各国水概况》，1989。

（四）天然湖泊

马拉维湖为马拉维、坦桑尼亚和莫桑比克边境湖泊，是仅次于维多利亚湖和坦噶尼喀湖的非洲第三大淡水湖，也是世界第十一大淡水湖。马拉维湖面积 3.08 万 km^2，最大长度 603km，最大宽度 87km，平均深度 426m，最大深度 700m，湖岸线长约 1500km，湖体积 8.4 万亿 m^3，流域面积 6.5 万 km^2。主要流入河流有北鲁库鲁河、松圭河，流出河流主要为希雷河。它是最重要的单一水资源，在国家的社会经济发展中发挥着至关重要的作用。

奇尔瓦湖为马拉维和莫桑比克的边境浅盐湖，表面积变化很

大，平均为683km²。最大长度45km，最大宽度32km，平均深度2m。马隆贝湖面积303km²，长约30km，宽15km，平均深度4m。奇尤塔湖面积200km²（其中40km²属于莫桑比克），湖泊深度5m，位于马拉维和莫桑比克的边界，与奇尔瓦湖之间隔着一个20～25m高的沙洲。

三、水资源开发利用

（一）开发利用与水资源配置

1. 水库

马拉维大部分水库建于20世纪50年代，功能主要是供水，较少用于灌溉和发电。2006年联合国粮农组织报告指出，马拉维有9座坝高超过12m的水库（表3），总蓄水量略高于4300万m³；另有700多座小型水库，蓄水量约为6400万m³。到2015年总库容为0.418亿m³。

表3　马拉维主要水库

水库名	建成年份	坝型	坝高/m	库容/亿m³	用途
穆迪（Mudi）	1954	土坝	17	14	供水、发电
南卡纳（Nankana）	1959	土坝	15	20	发电
伦扬瓜（Lunyangwa）	—	土坝	19.5	43.6	供水
奇泰特（Chitete）	—	土坝	12.2	45	供水
穆伦古兹（Mulunguzi）	—	石坝	45	33.75	供水
姆皮拉-巴拉卡（Mpira－Balaka）	—	土坝	29	37.2	供水
卡穆祖（Kamuzu）1	—	土坝	18.4	52	供水
卡穆祖2	—	土坝	24	190	供水
金格尔（Chingali）	—	土坝	—	—	灌溉

资料来源：Kaunda C S. Energy situation，potential and application status of small－scale hydropower systems in Malawi [J]. Renewable and Sustainable Energy Reviews，2013，26（26）：1－19.

2. 供用水情况

2017年，马拉维取水总量为13.6亿m^3，其中农业取水量占86%，工业取水量占4%，城市取水量占10%。人均年取水量为$77m^3$。

马拉维的水供应发展趋势并不十分乐观。在城市地区，获得改良饮用水源的人口比例几乎保持不变，甚至有所下降，从1992—2000年略高于90%，2004年降至87%，2005年进一步降至85%。马拉维有效供水的提供一直依赖于公共投资，但马拉维的财政状况使得水利发展得不到充分保障。

（二）洪水管理

马拉维是世界上自然灾害风险最高的国家之一，15%的农村人口生活在高洪水风险地区的边缘。干旱和洪水造成的生产损失平均使马拉维经济损失了其年度国内生产总值的1.7%。同时，马拉维被列为第三大最易受气候变化影响的国家，在2017年全球风险指数中被列为全球第16大最易受人道主义危机和灾害影响的国家。

尽管越来越认识到预防洪灾的重要性，马拉维却仍未实施有效的措施。马拉维严重依赖援助，水利基础设施的投资发展很少，主要由捐助方主导，如2015年的洪水响应是联合国人道主义事务协调厅（UNO C HA）的救灾集群系统（Cluster System）首次在马拉维运行。

（三）水力发电

1. 水电装机容量及发电量情况

据IRENA数据显示，马拉维2021年水力发电装机容量为37.4万kW，占总装机容量的67.88%。马拉维的唯一电力供应商是国有的马拉维电力供应委员会（ESCOM），该委员会的电力主要来自希雷河沿岸的水力发电厂。过去几年，马拉维电力供应公司的电力扩展计划基本停滞不前，政府正在努力通过公私合作的方式推进电力扩展计划。

马拉维电力供应严重短缺，稳定性差。2010—2013年，马

拉维可用装机容量仅为2.83kW，全国仅有12%的人口可使用电力。大多数情况下，特别是在雨季，因为泥沙淤积和水草泛滥导致机器关闭，可用装机容量更低。

2. 主要水电站建设概况

马拉维主要水电站有4个，其中3个集中在希雷河中段，沿河流流向依次分布为恩库拉（Nkuwa）、特扎尼（Tedzani）和卡皮奇拉（Kapichira），另外一座装机容量为0.45万kW的小型水电站坐落在沃韦（Wovwe）河上。恩库拉有两个电站，总装机容量为13.6万kW：A电站于1966年修建，装机容量为2.4万kW，2018年改造增容后装机容量为3.6万kW；B电站装机容量为10万kW。特扎尼有1、2、3号三个水电站，分别于1973年、1977年、1995年修建，装机容量分别为2万、2万、5万kW。卡皮奇拉电站位于特扎尼下游的卡皮奇拉瀑布，主要向工业供电；一期和二期分别于2000年和2014年完工，分别装机2台3.2万kW机组，总装机容量为12.8万kW。

马拉维现有几个较大水电站正在规划和建设当中。其中，富富（Fufu）水电计划、霍伦比佐（Kholombidzo）水电站、姆本戈齐（Mbongozi）水电站、特扎尼四号（Tedzani Ⅳ）水电站设计装机容量分别为26.1万kW、21万kW、4.1万kW、1.85万kW。

3. 小水电

马拉维已论证的小水电开发潜力估计超过7600kW，集中在靠近坦桑尼亚边境的北部和南部的姆兰杰山地区。2002年，小型水电站开发被纳入马拉维农村电气化总计划。据IRENA估计，2021年马拉维离网水电装机容量为2000kW。

马拉维的茶叶种植园和宗教团体已经使用水力微型电网为自己的基础设施供电。该国的卢杰里茶产业公司在姆兰杰山地区有装机容量为319kW和650kW的两座小型水力发电厂，已经运行了70多年。姆兰杰电力公司（Mulanje Electricity Generation Agency）在厘尘亚（Lichenya）河的88kW微型电网是马拉维目前唯一一个作为农村电气化微型电网运行的电网。

（四）灌溉与水土保持

1. 灌溉发展情况

马拉维的灌溉农业始于20世纪40年代末，到2000年，灌溉设施覆盖面积为5.5万hm^2，其中近80%是喷灌。几乎所有的灌溉都来自地表水，一些小的湖岸地区由地下水灌溉。2006年，马拉维灌溉设施覆盖面积为7.35万hm^2。

马拉维的灌溉计划可分为四大类：一是主要由外国投资者拥有的私人大型商业计划（$>100hm^2$）；二是个人拥有的私人小型商业计划（$<100hm^2$）；三是政府建立经营的小农计划，几乎免费向当地小农提供灌溉机会；四是由农民自己在自助基础上或在某些情况下由非政府组织经营的自助小农计划。

1997年，在日本的赠款援助下，马拉维开始建造布万杰（Bwanje）河谷灌溉发展项目，用于保障小农家庭一级的粮食安全和经济发展等。它包括纳米科维（Namikokwe）河流域的工程，这是马拉维迄今最大规模的灌溉设施建设工程。

2. 水土保持

马拉维的土地退化广泛而严重。据估计，2014年全国土壤年平均损失率为29t/hm^2，土壤侵蚀和养分耗竭影响了马拉维60%以上的土地面积。2001—2009年期间，土地退化的年损失约为2.44亿美元，相当于马拉维国内生产总值的6.8%。退化的主要驱动因素是不可持续的耕作方式，以及与人口增长相关的对农业用地和木材燃料需求的增加。

四、水资源保护与可持续发展状况

（一）水资源及水生态环境保护

气候变化使得马拉维的水资源环境发生恶化。为应对气候变化，非洲开发银行在马拉维栽种了50多万株树木，在5个地区建立了农村社区水弹性系统，成立了14个流域管理委员会，通过邀请当地居民参与非洲开发银行资助的项目和开展的活动，提升水资源开发保护意识。

依据马拉维的国家适应力行动计划（NAPA），非洲开发银

行设计了“改善健康和生计的可持续农村供水和公共卫生基础设施项目”，目的是使当地社区，尤其是妇女和青少年人群能够进一步适应气候变化带来的破坏性影响。

（二）水污染和治理

马拉维的固体和液体废物管理有限且不充分。只有10%～15%的城市废水是通过下水道收集的，估计有70%的城市固体废物没有得到正式处置。马拉维只有两个城市垃圾填埋场，没有公共管理的垃圾焚烧炉，也很少有垃圾中转站。布兰太尔、利隆圭和松巴等主要城市以及少数地区和城市有废水处理厂，但维护不善，没有能力处理目前产生的废水。大多数地区没有修建污水管网，经常使用污泥池或旧采石场来处理从化粪池泵出的污泥。

马拉维有正式的国家污水标准和一些必要的立法来管理废物处理，2017年新的环境管理体系为废物管理提供了明确的指导和授权，但长期缺乏有效管理废物的资金。

五、水资源管理

（一）管理体制

该国的水资源由农业灌溉部（MAI）下属的水资源发展司（MWD）管理。这个机构下设的水资源委员会（WRB）是根据1969年的一项议会法案成立，它负责监督水资源利用问题，在当时主要是农民灌溉中的取水和排放污水问题。

到1999年，各农业发展司（ADDs）直接管理了40多个灌溉项目。这些主要是20世纪60年代和70年代发展起来的小农灌溉计划。这些计划由政府发起、设计、建造和管理，农民没有参与开发，参与灌溉计划运行和维护的程度有限。为了改善这种情况，能源部发起成立了水用户协会或其他农民组织，如信托和合作社，以将责任转移给当地的小农，并授权他们自行实施和管理这些计划。

（二）管理机构及其职能

灌溉司由1个总部和8个农业发展司组成。总部从过去实际负责实施灌溉计划转变为为促进各地灌溉发展提供咨询服务，各农业发展司的任务包括直接管理灌溉计划。灌溉部目前存在人手严重不足、人员专业技术有待培训的问题。

水资源发展司的中心职能是促进该国水资源的开发和管理。其职责包括确保获得安全饮用水和相关卫生服务，向农村社区提供安全饮用水，收集水文数据和保护集水区。水资源委员会是水资源发展司的一个机构，负责授予提取和排放废水的水权，并监督水权的遵守情况。

环境事务部的主要职能是确保项目的实施不会导致环境退化。对于所有 $10hm^2$ 以上的灌溉计划，都要由环境事务部进行环境影响评估。

六、水法规与水政策

（一）水法规

马拉维的水资源管理主要依靠三个水法：1969 年的《水资源法》、1995 年的《水工程法》和 2005 年的《国家水政策》。除了这些法律之外，作为主要用水部门之一的农业灌溉部门 2001 年制定了《灌溉法》，为该国的灌溉水管理提供了指导原则。

1969 年的《水资源法》通过对马拉维水资源的控制、保护、分配和使用做出一般性规定，成为该国水资源管理的主要工具。该法由 6 部分组成，包括：水资源所有权和用水权；记录现行法案之前存在的水权；授予水权；水权的修改、变更、确定和减少，公共水的污染；赋予该法的各种权力；以及各种计划，包括水资源委员会的设立和组成计划。

根据 1995 年的《水工程法》，马拉维政府建立了所有水委员会和公用事业供应商，基本上为在该国实施供水和水卫生服务战略提供了法律框架。2005 年的《国家水政策》则致力于促进公平获得安全饮用水。

（二）水政策

马拉维的水价和水权由地区水资源委员会制定和审批管理。如北部地区水委员会（NRWB）是根据 1995 年第 17 号《自来水

法》(Waterworks Act)成立的一个法人组织，承担马拉维北部供水服务基础设施的规划和资产管理，负责给马拉维北部的姆祖祖城和其他城市及城郊社区提供饮用水和水质卫生服务，其中的收费标准也由该委员会制定。

七、国际合作情况

在双边一级，马拉维和莫桑比克于 2003 年 11 月签署了建立联合水委员会的协议；和坦桑尼亚联合常设合作委员会，共同实施一个稳定松圭河河道的项目，持续推进《松圭河流域开发计划》。

多边合作方面，马拉维积极参加赞比西河水道委员会。该委员会由赞比西河流域的 8 个沿岸成员国于 2004 年 7 月在博茨瓦纳的卡桑签署成立；在南部非洲发展共同体区域内，马拉维还参与《马拉维湖/尼亚萨可持续发展管理公约》、《南共体共有水道议定书》和 1997 年《联合国国际水道非航行使用公约》等倡议和公约。

马　里

一、自然经济状况

（一）自然地理

马里全称马里共和国（The Republic of Mali），位于非洲西部撒哈拉沙漠南缘，西邻毛里塔尼亚、塞内加尔，北、东与阿尔及利亚和尼日尔为邻，南接几内亚、科特迪瓦和布基纳法索，为内陆国。国土面积 124 万 km^2，是西非面积第二大的国家。

马里全境主要由塞内加尔河上游盆地、尼日尔河中游和撒哈拉沙漠的一部分组成。沙漠主要在北部，面积 30 多万 km^2。境内地势平坦，多为海拔 300m 的平原和台地，中部为大平原，西部和西南部海拔为 500～800m。

马里北部为热带沙漠气候，干旱炎热；中、南部为热带草原气候。全年分为 2 个季节：6—10 月为雨季，11 月至次年 5 月为旱季。旱季最高气温达 50℃，雨季最低气温为 14℃。4 月气温最高，平均为 34～39℃；1 月气温最低，平均为 16～33℃。马里热季酷热干燥，雨季多阵发性狂风暴雨，全年雨量基本集中于雨季。全国平均降雨量为 50～1300mm，由北向南渐进递增。森林面积 110 万 hm^2，覆盖率不到 1％。

（二）经济

马里全国分为 11 个大区和 49 个省，703 个市镇，首都巴马科是全国政治、经济、文化中心。2020 年，总人口为 2030 万人。全国有 23 个民族，主要有班巴拉（占全国人口的 34％）、颇尔（11％）、塞努福（9％）和萨拉考列族（8％）等。各民族均有自己的语言，官方语言为法语，通用班巴拉语（1972 年形成文字）。80％的居民信奉伊斯兰教，18％信奉传统拜物教，2％

信奉天主教和基督教新教。

2020年，国内生产总值180亿美元，人均国内生产总值914美元，国内生产总值增长率为−2.5%，农业产值占国内生产总值的36.3%。根据联合国粮农组织统计资料，2019年，马里可耕地面积为641.1万hm^2，永久农作物面积为15万hm^2，永久草地和牧场面积为3464万hm^2，森林面积为1329.6万hm^2。主要经济作物有小米、玉米、稻谷、花生、棉花等。马里是非洲主要产棉国，每年棉花对国民经济贡献达850亿～1230亿非洲法郎，占国内生产总值的8%。矿业是马里国家经济支柱，占国民收入的25%。现已探明的主要矿藏资源及其储量：黄金900t，铁矿石13.6亿t，铝矾土12亿t，硅藻土6500万t，岩盐5300万t，磷酸盐1180万t，锰1500万t，铀5200t。马里是非洲第四大黄金出口国，2018年金矿出口额占出口总额约44%。

马里实行贸易自由化政策，政府通过发放进出口意向书对贸易进行宏观管理。现同100多个国家和地区有贸易关系。2020年对外贸易额估计为72.1亿美元，其中进口36.8亿美元，出口36.1亿美元。主要出口黄金、棉花等，进口石油、食品和化工产品等。

二、水资源状况

（一）水资源量

2018年，马里境内地表水资源量约为500亿m^3，境内地下水资源量约为200亿m^3，重复计算水资源量约为100亿m^3，境内水资源总量为600亿m^3，人均境内水资源量为3145m^3/人。2018年马里境外流入的实际水资源量为600亿m^3，实际水资源总量为1200亿m^3，人均实际水资源量为6290m^3/人（表1）。

表1　　马里水资源量统计简表

序号	项　　目	单位	数量	备　注
①	境内地表水资源量	亿m^3	500	
②	境内地下水资源量	亿m^3	200	

续表

序号	项　目	单位	数量	备　注
③	境内地表水和地下水重叠资源量	亿 m^3	100	
④	境内水资源总量	亿 m^3	600	④=①+②-③
⑤	境外流入的实际水资源量	亿 m^3	600	
⑥	实际水资源总量	亿 m^3	1200	⑥=④+⑤
⑦	人均境内水资源量	m^3/人	3145	
⑧	人均实际水资源量	m^3/人	6290	

资料来源：联合国粮农组织统计数据库。表中水资源量均指可再生水资源量。

（二）河川径流

马里的主要国际河流有尼日尔（Niger）河、塞内加尔（Senegal）河和沃尔特（Volta）河。

尼日尔河发源于几内亚，流经几内亚、马里、尼日尔、贝宁和尼日利亚，向南注入大西洋，上游段为源头至马里，长820km，水力资源丰富，水流湍急。桑卡拉尼（Sankarani）河、巴戈埃（Bagoe）河、巴尼（Bani）河等支流于马里境内注入干流，尼日尔河在马里境内流域面积54.07万km^2，占全国面积的43.6%。

塞内加尔河全长1680km，在马里境内的流长约为500多km，流域面积15.08万km^2。塞内加尔河是马里的第二大国际河流，塞内加尔河和尼日尔河都发源于几内亚的佛塔-扎隆高原。塞内加尔河从几内亚的佛塔-扎隆高原出发，向北流向马里，在马里境内的流长约占其全长的1/3，然后从马里流向西北，作为毛里塔尼和塞内加尔边境的界河，最后从塞内加尔的圣路易流入大西洋。塞内加尔河流经马里的地域是马里最主要的农牧业区之一。

沃尔特河是西非的第二大河，支流伸展至布基纳法索、多哥、贝宁、马里和科特迪瓦等国，在马里境内流域面积为0.88万km^2。

（三）天然湖泊

德博（Débo）湖为马里的一个内陆湖，位于马里中部，是由尼日尔盆地季节性的洪水而形成的，为尼日尔河上最大的内陆湖。德博湖面积约 160km^2，是尼日尔河内陆三角洲星罗棋布的湿地与湖泊中最大的湖泊，也是马里最大的湖泊。

三、水资源开发利用

（一）水电开发

马里一次能源资源构成为：生物能（占 88%）、化石燃料（占 11%）及水电（占 1%）。一次能源年消耗量约为 280 万 t。目前，水电和火电（依靠进口化石燃料）为马里主要的电力来源，分别占 56% 和 44%。马里可再生能源产量从 2011 年的 295MW 增长到 2020 年 425MW，其中水能产量占比较高，达到 315MW。

马里水电年蕴藏量约为 50 亿 kWh，装机容量超过 105 万 kW。截至 2011 年，马里拥有电站总装机容量为 39.467 万 kW，其中水电装机 15.6 万 kW。目前约 20% 的人口能用上电，人均年用电量约为 60kWh。2011 年，马里所有电站总发电量为 12.987 亿 kWh，其中水电占 7.236kWh。

根据 2020 年 4 月国际大坝委员会（ICOLD）统计，马里有大坝数量 112 座，堤坝累计存储总容量 13.79km^3，人均大坝容量 723.1m^3。目前，该国运行的大型坝主要有 2 座，即坝高 25m 的塞林古土坝和坝高 66m 的马南塔里（Manantali）坝。2011 年，位于尼日尔河上廷巴克图和加奥之间的塔乌萨（Taoussa）水库项目开工，该项目由迪拜提供资金支持，是马里迄今为止最大的水资源开发项目。项目建成后，将主要用于防洪、内陆航运及发电（2 万 kW），还将为 13.9 万 hm^2 的土地提供灌溉用水，同时改善廷巴克图和塔乌萨之间的通航条件，促进该国北部地区的经济发展。

非鲁（Felou）水电站项目建成后的年发电量约为 3.5 亿 kWh，为马里、毛里塔尼亚和塞内加尔三国共同拥有，其中马里约占40%的份额。2011年7月，塞内加尔河管理局启动蒙那塔里和非鲁水电站及输电系统运营管理资格预审邀请。装机容量2万kW的托萨伊（Tossaye）、装机容量均为0.2万kW的马卡尔（Markala）和塔勒（Talo）以及装机容量0.7万kW的杰内（Djenné）水电站均已获批开工，现已启动托萨伊水电站施工准备工作。马里还规划了若干水电项目，其中包括和塞内加尔河开发组织（OM－VS）中其他国家联合开发的项目。

该国有2座小水电站在运行，总装机容量0.6万kW。马里计划修建更多的小水电站，装机容量达到1.8万kW。

（二）水库

1. 尼日尔河工程

该工程是马里唯一的大型灌溉工程，包括“内陆三角洲”的开发。主要建筑物为桑桑丁（Sansanding）闸坝，1943年开工，由于受到第二次世界大战的影响，直至1948年才完工，闸长808m，横跨尼日尔河，包括向北延伸的土石坝段在内，总长度2.8km。该闸可使尼日尔河水位抬高4m。

2. 塞林谷水库

该工程位于巴马科市附近的桑卡拉尼（Sankarani）河上，1982年完工。坝为土坝，高23m，坝顶长2300m，水库库容为21.7亿m^3，水库用途为灌溉、发电、航运、防洪。

3. 马南塔里水库

该工程位于卡伊（Kayes）市附近的塞内加尔河上，坝为砌石拱坝，高70m，坝顶长990m，水库库容112.7亿m^3，水库用途为灌溉、发电、航运、防洪。

（三）供用水情况

2013年年末，巴马科饮用水项目从非洲开发银行获批贷款。该项目建成后，可缓解该国首都饮用水短缺现状，约160万人口受益。此外二期工程预计2022年12月31日前完成，届时该国饮用水覆盖率将达到80%。城市地区人均用水量为0.40～0.54m^3/天，农村地区为0.20～0.34m^3/天。

(四) 灌溉

早在1925年，马里就开始在“内陆三角洲”修建小型灌溉试验工程。马里的灌溉面积1970年为13.5万hm^2，1985年为35万hm^2。

马里灌溉的资金来源于国家经济和社会发展投资基金、友好国家的援助和国际金融协会提供的援助。

四、水资源管理

国家水利能源管理局（DNHE）负责该国的水资源和能源行业管理，同时各地区均设有区域管理机构。能源部为国家电力管理机构。2003年，马里国内能源和农村电气化开发公司（AMADER）成立。

五、水法与国际水协议

马里有关水的法律是现在仍在生效的1928年《水法》。该法律规定，境内所有的水，包括地下水属公共所有，但雨水及明确规定不属公共所有的泉水除外。法律还规定，所有的水只能根据特许权使用。根据水法律授权，马里水事务的主要管理机构是国家生产部的水资源处，还有开发部水管理局的地下水管理处。

另外，马里同几内亚、毛里塔尼亚、塞内加尔就塞内加尔河及其支流的开发利用达成《塞内加尔河公约》。马里还同喀麦隆、乍得、贝宁、几内亚、科特迪瓦、尼日尔、尼日利亚、布基纳法索就尼日尔河及其一、二级支流的开发利用达成了国际协议，即1963年12月26日签署的《尼亚美法》，内容是关于尼日尔河流域的航运以及流域中各国间的经济合作。

六、国际合作情况

(一) 参与国际水事情况

马里参加的国际水机构主要有全球水伙伴（GWP）、国际水援助（WaterAid）、荷兰水伙伴组织（NWP）、国际环境与发展研究所（IIED）等。

（二）国际援助

马里接收的国际援助主要来自于非洲发展银行（AFDB）。根据非洲发展银行的项目记录显示：从1967年开始共计援助16个水事相关项目，援助金额总计1.34亿美元，其中已完成项目11个，正在进行的4个，取消的1个。除非洲发展银行之外，德国、法国、荷兰等国家也针对马里饮用水和卫生状况提供援助项目投资。

摩 洛 哥

一、自然经济概况

（一）自然地理

摩洛哥全称摩洛哥王国（The Kingdom of Morocco），面积45.9万km^2（不包括西撒哈拉26.6万km^2）。人口约3621万人（2021年），其中阿拉伯人约占80%，柏柏尔人约占20%。阿拉伯语为国语，通用法语。信奉伊斯兰教。首都是拉巴特（Rabat）。摩洛哥位于非洲西北端。东、东南接阿尔及利亚，南部为西撒哈拉，西濒大西洋，北隔直布罗陀海峡与西班牙相望，扼地中海入大西洋的门户。海岸线1700多km。地形复杂，中部和北部为峻峭的阿特拉斯山脉，东部和南部是上高原和前撒哈拉高原，仅西北沿海一带为狭长低暖的平原。最高峰图卜加勒峰海拔4165m，乌姆赖比阿河是第一大河，长556km，德拉河是最大的间歇河，长1150km。主要河流还有木卢亚河、塞布河等。

摩洛哥气候多样，境内主要为地中海型气候，夏季炎热干燥，冬季温和湿润，1月平均气温13℃，7月平均气温22～29℃。沿海平原常年气候宜人，花木繁茂，风景如画，享有“北非花园”和“烈日下的清凉国土”的美誉。内陆山区气候差异明显，夏季炎热干燥，冬季寒冷多有降雪。撒哈拉沙漠边缘呈现干燥的沙漠气候。摩洛哥降雨量总体趋势由北向南、由沿海向内陆逐渐减少。从北向南主要城市年平均降雨量如下：丹吉尔810mm、拉巴特570mm、卡萨布兰卡450mm、马拉喀什253mm、阿加迪尔289mm。

2020年，摩洛哥人口为3691.05万人，城市人口占比为63.5%，2018年人口密度为80.7人/km^2。首都拉巴特人口60

万人，卡萨布兰卡 351 万人，非斯 117 万人，马拉喀什 113 万人，丹吉尔 98 万人。近几十年来向主权争议地区西撒哈拉迁移的摩洛哥人增多，目前该地区已超过 44 万人。在摩洛哥华人人数不多，约 2000 人，其中一半以上的华人集中在卡萨布兰卡。

2018 年，摩洛哥土地面积为 4465.5 亿 hm^2。其中，可耕地面积为 6.9 亿 hm^2，永久农作物面积为 1.71 亿 hm^2，永久草地和牧场面积为 21 亿 hm^2，森林面积为 5.72 亿 hm^2，灌溉面积 1.76 亿 hm^2。

（二）经济

摩洛哥经济总量在非洲排名第五（在尼日利亚、埃及、南非、阿尔及利亚之后），北非排名第三。2016 年财政总收入 194.7 亿美元，财政支出 206 亿美元。2017 年第三季度外汇储备约 235.1 亿美元。旅游业发达，已成为摩洛哥第二大支柱产业、第二大平衡国际收支来源和第二大吸引就业行业。农业在国民经济中占有重要地位。农业产量起伏较大，粮食不能自给，农业人口约占全国总劳力的 42%，产值约占国内生产总值的 11.6%（2016 年），出口（主要为柑橘、橄榄油）占总出口收入的 30%。渔业资源丰富，是非洲第一大产鱼国，沙丁鱼出口量居世界首位。工业部门主要有农业食品加工、采矿、纺织服装、皮革加工、化工医药和机电冶金工业等。

2019 年，摩洛哥 GDP 为 1197.01 亿美元，人均 GDP 为 3364 美元。GDP 构成中，农业增加值占 14%，矿业制造业公用事业增加值占 23%，建筑业增加值占 6%，运输存储与通信增加值占 7%，批发零售业餐饮与住宿增加值占 12%，其他活动增加值占 38%。

二、水资源状况

（一）水资源

1995 年，摩洛哥人均水资源量为 $2700m^3$，预计到 2025 年将降为 $590m^3$，2050 年将仅为 $100m^3$。

2018 年摩洛哥境内地表水资源量约为 220 亿 m^3，境内地下水资源量约为 100 亿 m^3，重复计算水资源量约为 30 亿 m^3，境内水资源总量为 290 亿 m^3，人均境内水资源量为 804.9m^3/人。2018 年摩洛哥无境外流入水资源，实际水资源总量为 290 亿 m^3，人均实际水资源量为 804.9m^3/人（表 1）。

表 1　　摩洛哥水资源量统计简表

序号	项　目	单位	数量	备　注
①	境内地表水资源量	亿 m^3	220	
②	境内地下水资源量	亿 m^3	100	
③	境内地表水和地下水重叠资源量	亿 m^3	30	
④	境内水资源总量	亿 m^3	290	④＝①＋②－③
⑤	境外流入的实际水资源量	亿 m^3	0	
⑥	实际水资源总量	亿 m^3	290	⑥＝④＋⑤
⑦	人均境内水资源量	m^3/人	804.9	
⑧	人均实际水资源量	m^3/人	804.9	

资料来源：联合国粮农组织统计数据库。表中水资源量均指可再生水资源量。

（二）水资源分布

摩洛哥位于非洲西北端的阿拉伯马格里布地区，西临大西洋，北临地中海，国土面积辽阔，属非洲西北部亚热带气候，从北部到中部降雨量有所减少，年均降雨量从 800mm 降低至 200mm，而且不同地区和年份降雨量很不均衡，水资源相对匮乏，20 世纪 80—90 年代的 20 年间就有 14 年遇到旱情。摩洛哥年均降水量约为 1500 亿 m^3，其中 300 亿 m^3 是有效降水，在有效降水中，有 210 亿 m^3 能被利用，包括 160 亿 m^3 的地表水和 50 亿 m^3 的地下水。73%的地表水资源主要集中在大西洋沿岸地区，地中海沿岸地区地表水资源虽然占 11%，但耕地极其贫乏。其余 16%的地表水资源分布在广阔的南部和东部地区。由于采取了合理的水资源政策，在缺水量超过 60%的情况下，摩洛哥多年来仍能保证对主要城市及灌区供水，使社会和经济持续稳定发展。

三、水资源开发利用

（一）水利发展历程

摩洛哥水资源开发的特点是建坝蓄水用于灌溉、发电、防洪及供生活用水，地下水则主要用于生活用水。国家长期受殖民统治，开发比较缓慢。大约在20世纪30年代，才开始从事大型水利工程的建设。摩洛哥拥有80多年的建坝历史。运行中的大型水库有140座，所有水库总库容为17.5km^3。目前在建项目较多，主要用途为供水、灌溉、防洪及发电，主要有马蒂尔（Martil）混凝土面板堆石坝，坝高100m，体积560万m^3，库容1.2亿m^3；泽拉（Zerrar）混凝土面板堆石坝，坝高73m；乌勒杰-埃索莱恩（Ouljet Essoltane）碾压混凝土坝，坝高98m；姆迪兹（Mdez）混凝土面板堆石坝，坝高109m，库容7亿m^3，发电量为35GWh/年。

（二）开发利用与水资源配置

1. 开发利用概况

国家电力办公室（ONE）运行管理的阿尔瓦达姆哈拉（Al Wahda Jaara）水库，其规模属非洲第二（库容97.14亿m^3），于1996年投入运行，1997年达到满负荷运行，电站装机容量为24.3万kW。尽管众多大水库减少了西部平原地区90%的洪水灾害，并且每年生产电力4亿kWh，但是人类和自然因素引起的土壤侵蚀使水库产生泥沙淤积，每年损失库容达6000万m^3，被拦截的泥沙不能到达滨海的河口地区，使该地区产生冲刷。而且若气温变化1℃，则会导致入库径流减少10%。位于艾尔哈舍夫（ElHachef），服务于丹吉尔（Tangier）地区和艾希拉（Asilah）镇的水库新增有效库容达27000万m^3，造林7773hm^2。工程于1994年12月完工，比计划工期提前6个月，其最终耗资3400万美元，其中一半由政府投资，比预算节省32.7%。

2. 供用水情况

2007—2012年，摩洛哥取水总量略有下降。农业取水总量最多，城市取水总量和工业取水总量则次之。2017年，摩洛哥

取水总量为 106 亿 m^3。其中，农业取水量为 91.6 亿 m^3，占取水总量的 86.4%；工业取水量为 2.1 亿 m^3；城市取水量为 10.6 亿 m^3。人均取水总量自 1980 年的 478.2m^3/人，下降至 2017 年的 293.16m^3/人。

3. **跨流域调水**

阿卜杜勒穆门（Abdelmoumen）抽水蓄能系统装机容量为 41.2 万 kW，造价约 3.35 亿欧元。总造价约 1.3 亿欧元的艾福拉尔合同（装机容量 46.38 万 kW）于 2001 年签订，工期为 42 个月。两台可逆发电机组的第 1 台于 2004 年 12 月投入运行。两台机组的装机容量分别为 5.9 万 kW 和 17.29 万 kW。其主水库依靠 133m 高的宾维丹坝蓄水，该坝在 1953 年建成时为非洲最高的拱坝。

宾维丹水库向下游的峡谷盆地泄水，该峡谷段在橄榄树（Ouzoud）瀑布处筑坝蓄水，其下泄水量经一个隧洞输送到原艾福拉尔水电站供峰荷发电使用，同时也从该处取水供新的艾福拉尔抽水蓄能上下库使用。工程在 2007 年发电 4.167 亿 kWh，2008 年发电 4.437 亿 kWh。规划的其他工程包括装机容量为 47.3 万 kW、投资 3.5 亿欧元的艾因贝尼迈特海尔热力-太阳能组合循环电厂、位于艾济拉勒（Azilal）地区蒂尤吉特（Tillouguit）的装机容量为 3.2 万 kW 的水电站、位于塞塔特省本艾哈迈德（BenAhmed）附近的塔迈斯纳（Tamesna）水库，库容 2.7 亿 m^3 等。

（三）洪水管理

1965 年济兹（Ziz）河谷的大洪水使前国王哈桑二世（King-HassanⅡ）加快了哈桑阿达希尔（Hassan Addakhil）水库的建设进度。此前，发生在穆卢耶（Moulouya）的洪水使穆罕默德（Mohammed）5 号水库左岸侧翼遭到部分冲毁，其瞬时最大洪峰流量达到 7200m^3/s，并损失了 5.7 亿 m^3 的水量。

2008—2009 年，摩洛哥发生的洪水致 50 人死亡、7000 人无家可归，仅在哥尔卜（Gharb）平原地区就有 3000 间房屋被冲毁，38 万 hm^2 农田中有 10 万 hm^2 的农作物遭到破坏。

夏季暴风雨频繁，凶猛的洪水造成的人员伤亡及财产损失一直令人担忧，对于经济发达地区和外国游客观光区更是如此。比如在贝尼迈拉勒（Benimellal）、马拉喀什（Marrakech）、穆罕默迪耶（Mohammedia）、塞塔特（Settat）、拜赖希德（Ber-rechid）、拉希迪耶（Errachidia）和乌季达（Oujda）等地，由于坡地陡峻，土壤裸露且渗透性差，洪水导致的灾害更严重。一条始于贝尼迈拉勒、服务于宾维丹水利枢纽及相关的艾富拉尔（Afourer）抽水蓄能系统的公路，也经常受强烈降雨的破坏。

丹吉尔（Tangie）工业区的主要防洪工程于2009年10月开工。乌季达-安加达（Angad）辖区准备耗资260万欧元修建7座蓄水池（17.5万m^3）用以拦蓄降雨径流。这些工程被整合到2006年已开工的一系列水处理开发工程之中，其资金来源于欧洲投资银行以及国内的乌季达水资源和电力委员会。

（四）水力发电

摩洛哥的年水电资源技术和年经济可开发量分别为52.03亿kWh和40亿kWh，目前，约22%的技术可开发量得以开发。运行中的纯水电装机容量约130.6万kW，抽水蓄能电站装机容量46.4万kW。2013年，水电站总发电量为29.9亿kWh。

摩洛哥的水力资源比较丰富。摩洛哥最大的水电站是马西拉（AlMassira）水电站，装有两台混流式水轮机，单机装机容量6.9万kW，总装机容量为13.8万kW，于1980年年底投入运行。埃特阿尤卜（Ait Ayyoub）水电站，装机容量为24.1万kW；姆贾拉（Mjara）水电站，安装有3台8万kW的水轮发电机组。2016年年底水电累计装机容量为177万kW，占全国总装机容量的21.4%，水力发电量为16.62亿kWh，占全国发电总量的5.4%。

（五）灌溉排水与水土保持

摩洛哥的灌溉由来已久。2019年，摩洛哥已有176.45万hm^2的灌溉面积，与1985年相比增长了2.4倍。摩洛哥政府计划每5年投入14亿迪拉姆来推动面积为11.4万hm^2的灌溉农业的发展。灌溉农业面积在摩洛哥尽管仅占全部种植面积的11%，但其产量占每年农业平均总产量的45%，在干旱年份，农业产量受到严重影响时，其成果更为显著，占到70%。农村劳动力的使用占到1/3，农产品出口占有率达75%。

近30多年来，摩洛哥政府不断扩大水利投资，用于灌溉规划的国家投资从占农业投资的43%增至77%，拥有了一些大规模和高技术含量的水利基础设施。深入开展灌区治理和技术提升，系统整治了一批大型引水渠、干水渠、支水渠、抽排水、调水灌溉工程，带动了农业生产的发展，保障了国内进出口粮食供给的稳定性。灌区在乡村和地区发展的进程中发挥了重要作用，对粮食保障、减少旱灾损失方面有着显著的贡献。

四、水资源保护与可持续发展状况

摩洛哥政府对所有水利灌溉流域进行了全面研究并制订了相应的整治计划，在此基础上制定了全国水利规划。在根据对水资源不同需求和利用的基础上，制定了饮用水、工业用水和灌溉用水等不同标准。水治理指导性规划由各地水利处在各有关部门的支持下制定，由全国气候水利委员会批准，每5年修改一次。在城市地区，87%的居民已使用上自来水。摩洛哥政府制订了能使500万农民受益的农村饮用水供给国家计划。为实施这一计划，政府通过金融政策提供信贷资金，利用国际援助及哈桑二世基金的支持，还通过节水、抗旱等一系列辅助措施。

目前已有3项提高水资源利用率的总体规划：有关渔业的布勒（Bleu）规划和哈利尤兹（Halieutis）规划，农业方面的韦尔特（Vert）规划。有关负责人称，通过调整现有水利工程和一些新的工程来保护国家防洪规划中的390处坝址，将耗资约22亿欧元。

摩洛哥在争取多渠道信用贷款和捐赠（比如欧洲投资银行、世界银行、非洲开发银行、阿拉伯社会经济发展基金）方面，和从一些中东国家（沙特阿拉伯、阿联酋）获取投资，以及从法国、日本等国获取援助方面有成功的经验。2009年11月，阿联

酋的阿布扎比发展基金会向位于拉希迪耶（Errachidia）的蒂姆基特（Timkit）坝贷款540万欧元，该工程总投资约1320万欧元，总库容1400万m^3。

五、水资源管理

（一）管理体制

政府通过国家饮用水办公室（ONEP）下属的各地区办公室来对饮用水资源进行控制，国家电力办公室（ONE）则负责电力调配。这两个办公室均下辖于能源矿业与水资源环境部，该部独立管理全国的大坝、水库及河流。

国家饮用水办公室实行不同的收费标准以鼓励节约用水，费率随着用水量的增加逐级递增。国家电力办公室的地区负责人称发电用水的重要性虽然排在饮用水和灌溉用水之后，但只要开启阀门提供灌溉用水和向自来水厂供水，国家电力办公室就会启动水轮发电机组发电。在电网供电范围内，国家电力办公室大规模投入太阳能、热能及光电能等其他发电方式，但收效不大，因此希望建更多的中等规模的水库。

（二）管理机构及其职能

摩洛哥《水法》（1995年）规定建立管理单个流域和多个流域的流域机构。各流域机构为自立组织，其成员为地方管理机构、各个部门的代表、用水户、地方议事机构和民族代表，并由董事会进行管理。流域机构的职责包括：起草流域水资源综合开发总体规划；监督总体规划的实施；颁发公共财产使用许可证和特许权证等；保存认可的水用户的登记事项。

除流域机构外，还要求在各个专区建立专区水利委员会，该委员会由董事会管理。管理董事会的成员一半为国家代表，一半为专区的专员、农业局局长以及当地各社区的代表。该委员会负责协助流域机构制定各流域的综合水资源规划和水污染防治规划。

摩洛哥《水法》（1995年）规定在流域一级实施水资源管理。按照该水法，流域机构的职责是评估、规划和管理各自流域

的水资源。

（三）取水许可制度

摩洛哥规定：为了公民的利益，国家拥有水资源所有权。在水资源管理方面，公私合作是为了兴建和管理基础设施并提供服务。在公私部门之间形成一种合同安排的约束。合同的形式多种多样，包括服务性合同、管理合同、租赁合同、建设-运行-移交（BOT）协议及特许权合同等。摩洛哥已采用特许权合同。特许权合同把全部运行和管理的权力交给私人部门。

按照摩洛哥的《水法》，任何使用公共水资源的个人或实体都得付费。在摩洛哥，相关法令规定了计算水费和收水费的程序。根据这些法律，摩洛哥建立了生活用水、下水道服务和农业用水的分档递增收费制。在分档递增制中，采用按体积计价计算水费，水的单价随用水量的增加而增加。不硬性限制用水，但鼓励节约用水，即规定的基本用水量最为便宜，超额用水单价越来越高。并采取差别水价政策，以便改进和扩大水服务。

六、水法规与水政策

（一）水法规

摩洛哥 1995 年颁布的水法提供了一套新的水资源管理框架，其显著特点如下：水资源是公共财产；《水法》为个人或河流集水区组织建立流域机构提供了指导原则；《水法》详细描述了国家和河流流域管理规划的所有细节；《水法》规定了一套成本回收机制，方法是收取水费以及根据“用户支付”和“污染者支付”原则引入水污染税；《水法》通过出台环境法令及加强制裁和惩罚力度加大对水质的保护。

摩洛哥通过加强政策和机制改革以及制定长期的投资规划来达到综合管理水资源的目的。《国家水务规划》既是政策落实的载体，同时也作为投资规划的框架持续到 2020 年。规划制定了一套新的法律框架，提倡分散管理和鼓励资本参与，通过合理的收费和成本回收在水分配决策中引入经济激励措施；加大措施执行力度，完善了水资源管理方面的制度要求；建立有效的监控和

水质监测制度，以减少环境恶化程度。

（二）水政策

1. **水权与水市场**

在缺水期间，摩洛哥《水法》（1995年）授权政府颁布确定工业、城市和家庭用水优先顺序的临时条例。根据摩洛哥《水法》（1995年），通过行政授权或特许可以获得用水许可。摩洛哥《水法》（1995年）要求每个特许须规定用水方式、取水数量、特许持有者应付的水费、保持水质必须采取的措施等。特许权持有者可以改变或减少取水量的条件及合同期等。特许可以长达50年，但授权不得超过20年。

根据流域机构对取水授权或特许的申请，独立委员会可以进行调查以确保第三方水权得以保证。在向调查委员会咨询以确保授权不会侵犯第三方的权利以后，根据支付所需费用情况，该流域机构可以获得授权或特许。如果取水者未能遵守授权或特许中规定的协议条件，或未按照规定付费、或将水用于未经允许的用途、二次转让授权等，政府可取消对特许经营者的授权，且无需补偿。

摩洛哥《水法》（1995年）规定原先的水权包括1925年皇家法令所确定的水权仍然有效。摩洛哥《水法》（1995年）和法令（1998年）授权流域机构对废水再利用进行管理，禁止使用不满足质量净化标准的废水。

2. **排污收费及许可**

摩洛哥法令要求向地表水体或地下水体排放很可能改变水体化学、生物、热学或物理特性的废水的排放户须持有许可证。为了获得许可证，必须提出申请。许可证申请提出后将由一个独立委员会进行调查，调查结果向公众公开。调查事项包括排放的方式，排放者购买处理废水的必要设备和减轻废水排放影响的经济能力，以及排放量。另外要规定许可证的有效时间（不超过20年），采样方法包括必须进行的分析次数，各种有关的定量排放限制；支付费率等，支付费率由有关负责财经、水利、工业和矿业的政府管理机构联合发布的政令来规定。生活用水（包括来自

酒店、行政管理机构和医院等）排放的收费标准不同于工业用水排放的收费标准，由授权的流域机构负责收费。

七、国际合作情况

摩洛哥与欧洲、俄罗斯和中国等建立了稳固的合作关系。2019 年 5 月 16 日，中国水利部副部长魏山忠与摩洛哥装备、交通、物流和水利大臣阿马拉在拉巴特签署水资源领域的合作谅解备忘录（2020—2022 年执行方案），以加强双方在水利基础设施的维护、极端天气事件管理、水质保护等领域的交流合作。

南　非

一、自然经济概况

（一）自然地理

南非全称南非共和国（The Republic of South Africa）位于非洲最南部，西北与纳米比亚接壤，北与博茨瓦纳和津巴布韦交接，东北与莫桑比克和斯威士兰毗邻，东、西、南三面临印度洋和大西洋，在东部境内有面积为 30350km^2 的莱索托王国。国土面积为 121.9 万 km^2，海岸线长约 3000km。

按地形，南非可分高原、悬崖、褶皱山区、沿海平原 4 个区。地形以高原为主。高原实际上是个间有小山的大盆地，周边为悬崖，与沿海平原相隔。高原北部向东倾斜，南部向西倾斜。因此，南部的奥兰治（Orange）河向西流，北部的林波波（Limpopo）河向东流。悬崖的形状随高程和冲蚀状况而不同。最高的是在纳塔尔省—奥兰治自由邦交界处的德拉肯斯堡（Drakensberg）山脉，海拔 3048m。高原西部卡拉哈里（Kalahari）高原海拔 650～1000m，中部海拔 1000～1300m。褶皱山区位于开普（Cape）省，包括两个较低的高原。沿海平原在印度洋沿岸较宽，南部最窄。南非全境平均海拔约 1000m。

南非大部分地区属热带草原气候，地处副热带高压带，受下沉气流影响，天气晴朗。夏季气温 21～24℃，奥兰治河谷高达 32℃。冬季不太冷，内陆高原 7 月平均气温低于 10℃，有些地方低于 4℃。

南非 21％的面积属干旱地区，年降水量仅 200mm；47％属半干旱地区，年降水量 200～600mm；6％属湿润地区，年降水量约 1000mm。干旱半干旱地区蒸发量远超过降水量。

2020 年，南非人口为 5962 万人。城市人口总百分比自 2009 年逐年上升，至 2020 年升至 67.4％。2018 年人口密度为 48.91 人/km²。分黑人、有色人、白人和亚裔四大种族，分别占总人口的 80.8％、8.8％、7.8％和 2.6％，黑人主要有祖鲁、科萨、斯威士、茨瓦纳、北索托、南索托、聪加、文达、恩德贝莱 9 个部族，主要使用班图语。白人主要为阿非利卡人（以荷兰裔为主，融合法国、德国移民形成的非洲白人民族）和英裔白人，语言为阿非利卡语和英语。有色人主要是白人同当地黑人所生的混血人种，主要使用阿非利卡语。亚裔人主要是印度人（占绝大多数）和华人。有 11 种官方语言，英语和阿非利卡语为通用语言。约 80％的人口信仰基督教，其余信仰原始宗教、伊斯兰教、印度教等。

2019 年，南非可耕地面积为 1200 万 hm²；永久农作物面积为 41.3 万 hm²；永久草地和牧场面积为 8392.8 万 hm²；森林面积为 1712.29 万 hm²；灌溉面积为 160.1 万 hm²。总农业面积为 12130.90 万 hm²，占国土总面积的 99.5％。可耕地面积约占土地面积的 9.8％，但其中适于耕种的高产土地仅占两成。南非国土土壤大体可分为三类：①高原区土壤属黑钙土和牧场土，较肥沃；②开普省的土壤属棕钙土；③西北部沙漠区的土壤属栗钙土和灰漠土。

（二）经济

南非属于中等收入的发展中国家，矿业、制造业、农业和服务业均较发达，是经济四大支柱，深井采矿等技术居于世界领先地位。但国民经济各部门、地区发展不平衡，城乡、黑白二元经济特征明显。

1985 年国内生产总值约 466 亿美元。随着南非政府推出的“增长、就业和再分配计划”等政策，分配不合理情况逐步改善，2008 年出台增支减税、刺激消费和社会保障综合性政策，受国际金融危机影响的经济下滑逐渐企稳。后续政府推行“新增长路线”和系列“经济刺激与复苏计划”等措施，致力于恢复经济增长。2014 年经济增长率为 1.5％，2015 年为 1.3％，2016 年为

0.3%，2017 年为 0.9%，2018 年为 0.9%。2019 年为 0.2%。2020 年以来，受新冠肺炎疫情和“封禁”举措影响，南非经济形势持续恶化，2020 年经济收缩 7%。

制造业、建筑业、能源业和矿业是南非工业四大部门。制造业门类齐全，技术先进，产值约占国内生产总值的 17.2%。农业较发达，产值约占国内生产总值的 3%。旅游业是当前南非发展最快的行业之一，产值占国内生产总值的 9%。2014 年，矿业生产产值约占国内生产总值的 8%，矿产品是出口的重要构成部分。

2020 年，南非 GDP 约为 3020 亿美元，人均 GDP 约为 5092 美元。GDP 构成中，农业增加值占 2%，矿业制造业公用事业增加值占 25%，建筑业增加值占 4%，运输存储与通信增加值占 10%，批发零售业餐饮与住宿增加值占 15%，其他活动增加值占 44%。2020 年，官方外汇储备 550.13 亿美元（12 月），外债总额 1824 亿美元。

南非实行自由贸易制度，主要出口矿产品、贵金属及制品、运输设备等，并接受来自欧美的直接投资，以英国投资总额最多。

二、水资源状况

（一）水资源量

据联合国粮农组织统计，2018 年南非境内地表水资源量约为 430 亿 m^3，境内地下水资源量约为 48 亿 m^3，重复计算水资源量约为 30 亿 m^3，境内水资源总量为 448 亿 m^3，人均境内水资源量为 775.2m^3/人。2018 年南非境外流入的实际水资源量为 65.5 亿 m^3，实际水资源总量为 513.5 亿 m^3，人均实际水资源量为 888.5m^3/人（表 1）。

表 1　　南非水资源量统计简表

序号	项　目	单位	数量	备　注
①	境内地表水资源量	亿 m^3	430	
②	境内地下水资源量	亿 m^3	48	

续表

序号	项　　目	单位	数量	备　注
③	境内多年平均地下和地表水重复资源量	亿 m^3	30	
④	境内水资源总量	亿 m^3	448	④=①+②-③
⑤	境外流入的实际水资源量	亿 m^3	65.5	
⑥	实际水资源总量	亿 m^3	513.5	⑥=④+⑤
⑦	人均境内水资源量	m^3/人	775.2	
⑧	人均实际水资源量	m^3/人	888.5	

资料来源：联合国粮农组织统计数据库。表中水资源量均指可再生水资源量。

（二）水资源分布

南非降水季节性较强，次大陆地形明显影响降水的空间分配。全国年平均降水量为475mm。降水量由东向西递减，沿西海岸的亚历山大港仅50mm，而东部德拉肯斯堡山区则高达1250mm。年降水量较小的地区变幅较大，而降水量较大的地区变幅较小。沿西海岸和西南海岸地区，80%的降水集中在4—9月的冬季。沿南海岸地区的降水量年内分布大体均匀。其余3/4的地区，降水集中在10至次年3月的夏季，主要是雷暴雨。

奥兰治-瓦尔（Orange - Vaal）河为南非主要水系。奥兰治河发源于莱索托境内的德拉肯斯堡山脉，流经西部悬崖，形成急流和瀑布，如著名的奥格腊比斯（Aughrabies）瀑布，下游段为与纳米比亚的界河，在亚历山大港注入大西洋，河流全长1609km。瓦尔河为奥兰治河的主要支流，发源于德拉肯斯堡山脉的西坡，长约1200km。奥兰治河流域面积为84.95km^2。

三、水资源开发利用

（一）开发利用与水资源配置

1. 水库

南非已建和在建坝高超过15m的水库有356座，总库容约274亿 m^3，其中坝高超过60m的水库有12座（表2）。1977年

建在奥兰治河上的鲁克斯水库坝高有107m，为拱坝。

表2　南非坝高超过60m的水库

水库名	所在省	所在河流（邻近城市）	坝型	坝高/m	坝顶长/m	库容/亿 m^3	目的	建成年份
埃比尼泽（Ebenezer）	德兰士瓦	布鲁德斯特鲁姆	土坝	61	312	0.67	灌溉	1959
瓦尔（Vaal）	德兰士瓦	瓦尔（弗里尼坎）	重力坝	63	2783	25.29	灌溉、供水	1938
埃兰兹洛夫（Elandskloof）	开普	埃兰兹	土坝	67	167	0.11	灌溉	1976
鲁得埃尔斯堡（RoodeElsberg）	开普	桑特利夫特（伍斯特）	重力坝	72	274	0.08	灌溉	1968
埃拉诺贾格特（Elanosjagt）	开普	克拉姆	拱坝	72	800	1.00	供水	1982
保尔绍尔（PaulSauer）	开普	考哈	拱坝	78	317	1.32	灌溉	1969
亨德里克·凡尔赛特（Hendrlk-Verwcerd）	奥兰治	奥兰治	拱坝	88	914	59.52	灌溉、供水、发电	1972
古德陶（Goedertrouw）	纳塔尔	姆拉图泽	土坝	88	660	3.21	灌溉、供水	1982
蓬戈拉（Pongola）	纳塔尔	蓬戈拉	拱坝	89	515	24.92	灌溉	1973
斯特克丰丹（Sterkfontein）	奥兰治	努韦加斯帕鲁特	土坝	93	3060	26.56	供水	1980
萨尔斯普尔特（Sadlspoort）	奥兰治	利贝堡（伯利恒）	重力坝	94		0.19	灌溉	1969
鲁克斯（P·K·LeRoux）	奥兰治	奥兰治	拱坝	107	853	32.37	灌溉、发电	1978
沃维丹斯（Wolwedans）	开普	大布拉克勒菲河	拱坝	70	268	0.24	供水	1987

南非的水库绝大多数用途为灌溉和供水。为灌溉服务的坝有205座，为供水服务的水库约100座，灌溉与供水相结合的水库有31座。与防洪有关的水库仅3座，与发电有关的水库仅7座。

南非的水库主要分布在开普省，有205座，占57.6%。其次是德兰士瓦省，有84座，占23.6%。

在瓦尔河上已建哈茨（Harts）水库，库容6670万m^3；瓦尔（Vaal）水库，库容25.29亿m^3；勃洛姆霍夫（Bloemhof）水库，库容12.7亿m^3；格罗特兰伊（Grootdraai）水库，库容3.6亿m^3。总库容约42亿m^3。据估计，从瓦尔河引用的水量1985年为20.4亿m^3，到1990年增至24亿m^3，2000年增至34亿m^3。但已建工程尚不能满足要求。

2. **供用水情况**

南非自1992—2002年取水总量逐年下降，2002年取水总量128亿m^3。2003年后年取水总量逐渐上升，2017年的取水总量达194亿m^3。农业取水总量、工业取水总量和人均取水总量自20世纪90年代至21世纪初逐年下降，之后取水总量逐渐上升。城市取水总量自1990年逐年上升。2017年南非农业取水总量113.9亿m^3，占取水总量的58.7%；年工业取水总量41亿m^3，占取水总量的21.1%；年城市取水总量38.9亿m^3，占取水总量的20.1%。人均年取水总量由1990年的338.2m^3/人降至2000年的272m^3/人，而后逐年上升，2017年人均取水总量为339.94m^3/人。

3. **跨流域调水**

德兰士瓦省南部和奥兰治自由邦北部有约翰内斯堡、比勒陀利亚工业区，还有南非煤炭石油与煤气公司、钢铁公司、金矿等，需水量较大。为解决该地区用水，正在建设图盖拉-瓦尔河引水工程。该工程计划从图盖拉河向北引水11m^3/s到瓦尔河流域。

图盖拉（Tugela）河位于纳塔尔省中部，在德班以北约100m处汇入印度洋，流域面积约28700km^2，年径流量约30亿m^3，高程比瓦尔河低450m。在图盖拉河和瓦尔河之间，建

有德拉肯斯堡抽水蓄能电站，在图盖拉河上建有伍德斯托克（Woodstock）坝，土坝高54m，库容3.8亿m^3。此外另建一座备用水泵站，设计流量$4m^3/s$。

德拉肯斯堡抽水蓄能电站位于纳塔尔省和奥兰治自由邦的交界处，装机容量100万kW（4台25.7万kW机组），水头467m，1982年建成。上水库利用斯特克丰丹坝，该坝为南非体积最大的坝。抽到上库的水，一部分输到瓦尔河流域的工业区。下水库为基尔本（Kilburn）坝，土坝高51m，库容3600万m^3。

（二）水力发电

1. 水电开发程度

南非电力主要为火电。1986年电力总装机容量24727万kW，其中水电装机容量57.2万kW，仅占2.3%；总发电量1223.2亿kWh，其中水力发电量7.33亿kWh，占0.6%。南非理论水电年总蕴藏量为730亿kWh，其技术年可开发量为140亿kWh，年经济可开发量为47亿kWh。至今，约90%的技术可开发量得以开发（包括抽水蓄能电站）。该国纯水电装机容量为66万kW，年均发电量约占该国总发电量的1.5%。据2021年统计，南非总水电装机容量（包括抽水蓄能装机容量）3596MW，在非洲仅次于埃塞俄比亚和安哥拉。2018年水力发电量与2019年持平，分别占南非总发电量的0.3%左右。火力发电在南非总发电量占绝大多数，近些年随着南非核能和清洁能源的发展，水电在总发电量中占比有所下降。

南非致力于规划建设太阳能发电试点项目和风力发电项目，并逐步将太阳能和风能项目并入电网，同时。也有研究显示，南非未来可开发小水电装机容量达4.7万kW。目前，运行中的小水电站有4座，总装机容量6.1万kW。美国能源部估计，南非有6000～8000个潜在地点适合100MW以下的小型水电利用，其中夸祖-鲁-纳塔尔省（KwaZu - lu - Natal）和东开普省（Eastern Cape）的前景最好。此外，南非还开展了海洋能研究，发现南部和西南部海岸附近有波浪能发电潜力。

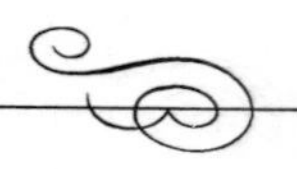

2. 水电装机及发电量情况

德拉肯斯堡（Drakensberg）抽水蓄能电站，装机容量100万kW，总水头385m，1982年建成，为图盖拉—瓦尔河引水工程的组成部分。帕尔米特（Palmiet）抽水蓄能电站，装机容量40.7万kW，总水头260m，位于东南海岸开普敦市以东约50km，1988年投产。南非国家电力公司（ESKOM）拥有4座大型水电站，其中包括最重要的加里普（Gariep）水电站（36万kW）和范德克卢夫（Vanderkloof）水电站（24万kW）。目前已开发几乎所有具有开发潜力的大型水电项目。该国运行中的抽水蓄能电站装机容量为140万kW，正在施工的有1332MW。2012年，抽水蓄能电站发电量为57.32亿kWh，而抽水用电量为76.43亿kWh。南非已完成2座抽水蓄能电站的可行性研究工作，总装机容量100万kW，分别位于西部和东部。另正在开展1座装机容量12万kW的抽水蓄能项目。因古拉抽水蓄能电站装机容量133.2万kW，包括4台单机33.3万kW的水轮发电机组，该项目于2014年末完工，其上库建有高41m的贝德福德混凝土面板堆石坝，库容为2230万m^3，下库建有高35.5m的布拉默胡克碾压混凝土坝，库容为2620万m^3。

（三）灌溉排水与水土保持

南非灌溉农田主要分布在德兰士瓦省中部和开普省南部，但最大的水库较多分布在奥兰治自由邦。用于灌溉的几座大水库有：德兰士瓦省瓦尔河上的瓦尔水库（库容25.29亿m^3）和勃洛姆霍夫（Bloemhof）坝（坝高36m，库容12.7亿m^3）；奥兰治自由邦奥兰治河上的享德里克-凡尔塞特水库（库容59.52亿m^3）和鲁克斯水库（库容32.37亿m^3）；纳塔尔省蓬戈拉河上的蓬戈拉水库（库容24.92亿m^3）。

始于1962年的奥兰治河开发工程是南非最大的多目标工程。工程大致分6个阶段建设，总工期约30年。目的是将奥兰治河的水向南引至开普省东部，灌溉肥沃的土地，调节向西流到亚历山大港的流量，具有灌溉、供水和发电等效益。第一阶段工程计划在布隆方丹以南和西南建两座坝，可灌溉30.8万hm^2的农

田。此外，开挖两条隧洞，一条长约 82km，向南引水到开普省东部的菲什（Fish）河；另一条长约 51.5km，向南引水到森代斯（Sunedays）河。

南非在灌溉方面存在的主要问题是：①输水损失大；②水库蒸发损失大；③灌溉回归水的开发利用不够。

四、水资源管理

（一）管理体制

南非水资源按照国家、流域和地方三级管理。南非设水务与林业部，负责全国水资源的统一管理。南非水务与林业部在全国各省都设有办公室。这些办公室并不隶属于省政府，而是直接由中央政府管辖。基本涵盖了水资源的开发、利用、分配、保护等各项职责。除了政府部门之外，全国有 13 个大的供水公司，承担向城市供水的任务。

中央政府水资源管理机构为水利林业部，它以国家水资源公众受托人的身份管理水资源。南非水资源管理的内容主要包括制定水资源开发、利用、保护、保持、管理和控制战略以及流域管理战略、政策；建立水资源规划体系，通过水资源分类及其质量分级确定其存储量来保护水资源；确立用水许可和用水权并对用水权进行管理；用水定价、提供财政援助；设立流域管理机构、用水协会以及咨询委员会，为给水工程与蓄水过程的兴建与管理以及大坝安全建立国家监测与信息系统；建立执行国际协议的机构。其中，确立用水许可和用水权并对用水权进行管理，是政府水资源管理的一项重要内容。

（二）管理机构及其职能

（1）水事务局。负责执行水法，收集和整理水文和灌溉土地的资料。

（2）灌溉管理局。据 1956 年水法建立，负责为农民建造和管理灌溉工程。

（3）农业技术服务部。负责向水事务局提出土壤是否适宜灌溉的建议和植物需水量的建议，并负责土壤保持。

（4）矿业部地质调查局。对工程的地质问题和地下水的产区提出建议。

五、水法规与水政策

1996年南非出台新《宪法》规定水资源归国家所有。1998年《国家水法》废止了100多部水法及其相关修正法律，将水资源纳入国家统一管理。根据《国家水法》规定，任何组织和个人对水资源只有使用权，或通过授权获得使用权，这种使用权都是暂时的。《国家水法》确立了水资源管理的基本思想和原则，即水资源优化高效利用、可持续利用、公平利用原则。同时也规定了水的分配顺序，首先保障基本用水和生态用水，然后再考虑工业和农业用水。

六、国际合作情况

（一）参与国际水事活动的情况

2010年3月南非《商业日报》报道，南非政府与商界将联手致力于水资源管理与保护，通过合作解决该国面临的水资源告急问题。2015年11月，丹麦菲德烈王储率商业代表团访问南非期间，丹麦和南非两国签署了为期5年的水资源合作协议。

（二）水国际协议

莱索托高原调水工程是非洲的南水北调工程，是莱索托和南非合作开发奥兰治河上游水资源的经典案例。南非与莱索托政府于1986年签署两国间的供水条约，1990年开建莱索托高地水利工程。在莱索托境内兴建了5座水库和200km的穿山隧道，截留奥兰治河源头40%的水资源，利用高原落差输送到南非境内。莱索托通过向南非供水，每年都有可观的收入，同时利用大坝发电也解决了自身电力需求问题。南非此举解决了工业中心的用水难题。

奥兰治河的所有沿岸国（莱索托、南非、纳米比亚和博茨瓦纳）在国际关系正常化之后，2000年签署了《关于建立奥兰治-森库河委员会的协议》，设立了奥兰治-森库河委员会这一全流域

联合管理机构负责实施条约，在《共享水道议定书》之下建立了第一个全流域管理体制，结束了南非与莱索托、南非与纳米比亚分别对奥兰治河实施双边管理的分割局面。科马蒂和马普托河流域的 3 个沿岸国（南非、斯威士兰和莫桑比克）于 2002 年达成全流域条约《因科马蒂和马普托水道临时协议》，由三国根据 1983 年缔结的协议设立的联合管理机构“三方常设技术委员会”负责实施条约。林波波河流域的所有沿岸国（博茨瓦纳、南非、津巴布韦和莫桑比克）于 2003 年达成了《关于建立林波波水道委员会的协议》，并成立了林波波水道委员会以实施协议，全流域管理体制最终形成。

尼日利亚

一、自然经济概况

（一）自然地理

尼日利亚全称尼日利亚联邦共和国（The Federal Republic of Nigeria），位于赤道以北的西非东南部，非洲几内亚湾沿岸，西部与贝宁为邻，北面与尼日尔接壤，东面与乍得和喀麦隆交界，南临大西洋几内亚湾。国家面积 92.38 万 km^2，其中陆地面积约 91.07 万 km^2，水域面积约 1.3 万 km^2。边界线长约 4035km，海岸线长 800km。地势北高南低。

尼日利亚属热带季风气候，全年分为旱季和雨季，年平均气温为 26～27℃。南部终年湿热多雨，气温比北部低，日温差较小。降水主要发生在 4 月初到 10 月末，大部分平均年降雨量超过 1524mm，在西南部约 1778mm，东南部约 4318mm。中部内陆地区是热带草原气候带，年平均气温较高，降雨量在 1500mm 左右，旱、雨季变化明显，年平均降雨量明显减少，约 1270mm。北部属干旱草原气候，每年 10 月初到翌年 6 月初为旱季，温差较大，日气温 15～35℃，晴空无云，但 12 月至次年 2 月有薄雾，相对湿度较低，年降雨量平均约 508mm。高原地区分布有热带高原气候，年平均气温较低，雨量大，气候凉爽湿润，植被多样。

尼日利亚全国设联邦、州和地方三级政府，首都为阿布贾（Abuja）。尼日利亚人口众多，约占撒哈拉以南非洲总人口的 20%，是人口最密集的非洲国家，也是世界上人口第七多的国家。2020 年，尼日利亚人口为 2.06 亿人，共有 250 多个民族，主要为北部的豪萨-富拉尼族（29%），其他民族有西部的约鲁巴族（21%）和东部的伊博族（18%）。英语为官方语言，豪萨语、

约鲁巴语和伊博语为主要民族语言。居民多数信奉伊斯兰教（占比为50%），40%信奉基督教，少数信奉其他宗教。

2019年，尼日利亚可耕地面积为3400万hm^2，永久农作物面积为650万hm^2，永久草地和牧场面积为2862.3万hm^2，森林面积为2195.36万hm^2。

（二）经济

尼日利亚2020年GDP约为4578亿美元，人均GDP为2277美元。尼日利亚原为农业国，20世纪60年代以前一直是非洲著名的粮仓。20世纪70年代起，尼日利亚发现并开始大规模开采石油，国民经济迅速发展，成为非洲最大的产油国。尼日利亚目前是非洲第一大经济体，2016年经济总量全球排名第27位。石油业是尼日利亚支柱产业，石油出口值占总出口值的90%，其他产业发展滞后。全国70%的人口从事农业生产，但大米、面粉等粮食不能自给，基础设施落后，农业主产区集中在北方地区。2019年，农业在国内生产总值中所占比重为28.2%左右。2017年4月，尼日利亚发布《2017—2020年经济复苏与增长计划》(ERGP)，对本国近中期经济社会发展作出全面规划。

二、水资源状况

（一）水资源

据联合国粮农组织统计，2018年尼日利亚境内地表水资源量约为10亿m^3，境内地下水资源量约为25亿m^3，无重复计算水资源量，境内水资源总量为35亿m^3，人均境内水资源量为156m^3/人。2018年尼日利亚境外流入的实际水资源量为305.5亿m^3，实际水资源总量为340.5亿m^3，人均实际水资源量为1517m^3/人（表1）。

表1　　尼日利亚水资源量统计简表

序号	项　目	单位	数量	备　注
①	境内地表水资源量	亿m^3	10	
②	境内地下水资源量	亿m^3	25	

续表

序号	项　目	单位	数量	备　注
③	境内地表水和地下水重叠资源量	亿 m^3	0	
④	境内水资源总量	亿 m^3	35	④=①+②-③
⑤	境外流入的实际水资源量	亿 m^3	305.5	
⑥	实际水资源总量	亿 m^3	340.5	⑥=④+⑤
⑦	人均境内水资源量	m^3/人	156	
⑧	人均实际水资源量	m^3/人	1517	

资料来源：联合国粮农组织统计数据库。表中水资源量均指可再生水资源量。

（二）水资源分布

尼日利亚主要有四大流域：注入大西洋的尼日尔流域、西南沿海流域、东南沿海流域以及汇入乍得湖的乍得湖流域。为了有计划地推进水资源开发实施和管理，尼日利亚将36个州和联邦首都区划分为8个水文区，并设置了12个河流流域开发局（River Basin Development Authorities）。各水文区的主要河流见表2。

表2　　尼日利亚水文分区

水文区编号	水文区	面积/km^2	年降雨/mm	河流流域开发局	主要河流
HA-1	尼日尔北（Niger North）	135100	767	索科托-里马流域开发局（Sokoto-Rima）	尼日尔河及其支流索科托河、索科托河支流赞法拉（Zamfara）河
HA-2	尼日尔中（Niger Central）	154600	1170	上尼日尔流域开发局（Upper Niger），下尼日尔流域开发局（Lower Niger）	尼日尔河及其支流卡杜纳（Kaduna）河、马里加（Mariga）河、古拉拉（Gurara）河
HA-3	上贝努埃（Upper Benue）	156500	1055	上贝努埃流域开发局（Upper Benue）	贝努埃河及其主要支流贡戈拉（Gongola）河、哈瓦（Hawal）河、塔拉巴（Taraba）河、栋加（Donga）河

续表

水文区编号	水文区	面积/km²	年降雨/mm	河流流域开发局	主要河流
HA-4	下贝努埃（Lower Benue）	74500	1341	下贝努埃流域开发局（Lower Benue）	贝努埃河及其主要支流卡斯纳-阿拉（Kasina Ala）河、马达（Mada）河
HA-5	尼日尔南（Niger South）	53900	2132	阿南巴拉-伊莫流域开发局（Anambra-Imo），尼日尔三角洲流域开发局（Niger Delta）	伊莫河、尼日尔河及其支流阿南巴拉河
HA-6	西部沿海（Western Littoral）	99300	1541	奥贡-奥逊流域开发局（Ogun-Osun），贝宁-奥维纳流域开发局（Benin-Owena）	奥贡河（Ogun）、奥逊（Oshun）河、奥瑟（Osse 河）、奥西欧莫（Osiomo）河
HA-7	东部沿海（Eastern Littoral）	57400	2106	克洛斯流域开发局（Cross River）	克洛斯河
HA-8	乍得（Chad）湖	178500	610	哈代贾-亚马利流域开发局（Hadejia-Ja'mare），乍得湖流域开发局（Chad）	科马杜古-约贝河及其支流哈代贾河、亚马利河、科马杜古-加纳（Komadougou Gana）河，哈代贾河支流卡诺（Kano）河，恩加达（Ngadda）

注　水文分区的总面积是 909800km²，略小于国土面积 923770km²。

资料来源：[1] Food and Agriculture Organization of the United Nations（联合国粮农组织）. AQUASTAT Country Profile - Nigeria [R]. Rome, Italy：2016.

[2] Okoye J K，Achakpa P M. Background Study on Water and Energy Issues in Nigeria to Inform the National Consultative Conference on Dams and Development [R]. Nigeria：2007-03.

（三）河川径流

尼日尔（Niger）河及其支流贝努埃（Benue）河为尼日利亚主要河流。

尼日尔河为重要国际河流，全长约4183km（约1/3在尼日利亚境内），是非洲第三长的河流，发源于几内亚的富塔贾陵（Fouta Djallon）高原的东坡（高程约1000m），流经几内亚、马里、布基纳法索、科特迪瓦、贝宁、尼日尔、尼日利亚和喀麦隆8国，注入几内亚湾，流域面积112.5万km^2。

尼日尔河流入尼日利亚后至杰巴之间属于中游段，多为低洼湖沼区，广布内陆三角洲，有利于农业灌溉和渔业，干流具有干旱区“客河”特点。杰巴至河口为下游段，水量丰富，支流众多，有利于航行，在洛科贾（Lokoja）与最大支流贝努埃河汇合，其在贝努埃河口的年平均径流量约860亿m^3。距河口180km处起至入海处的河口三角洲即尼日尔河三角洲，为非洲最大三角洲，南北向240km，东西向320km，面积约3.6万km^2。尼日尔河三角洲岔流密布，水力资源丰富，已建成不少水利枢纽工程。其中最大的岔河为农河，三角洲面积约2.4万km^2。

贝努埃河为尼日尔河的最大支流，发源于喀麦隆境内的恩岗德雷以北25km的姆邦山，在约拉以东数千米处流入尼日利亚境内，最后在洛科贾汇入尼日尔河。贝努埃河全长约有1300km，流域面积33.7万km^2，伊比站多年平均流量1565m^3/s，年均径流量约493亿m^3。贝努埃河中下游地区是尼日利亚重要的粮食基地。

在尼日利亚西北部有尼日尔河左岸支流索科托河，中部有尼日尔河左岸支流卡杜纳河，在东北地区还有贝努埃河右岸支流贡戈拉河和汇入乍得湖的科马杜古-约贝（Komadougou Yobe）河，西南沿海还有克洛斯河汇入大西洋。尼日尔河、贝努埃河、索科托河、卡杜纳河、贡戈拉河、克洛斯河长度分别为1174.6km、796.5km、627.5km、547.1km、539.0km、530.9km。

（四）地下水

尼日利亚地下水具有埋藏深、开采成本高、开采难度大以及旱季时间长的特点。地下水资源很少，单位储量为 $64420m^3/km^2$。其中北部 $32100m^3/km^2$，中部 $65300m^3/km^2$，南部 $110900m^3/km^2$。

（五）湖泊

尼日利亚比较重要的天然湖泊为乍得湖，这是一个国际湖泊。乍得湖流域面积包括湖面为 42.73 万 km^2，分属乍得(41.5%)、尼日尔（29%）、尼日利亚（21%）和喀麦隆(8.5%）四国。流入乍得湖的总水量每年平均约 407 亿 m^3，大部分来自沙里（Chari）河。从尼日利亚流入乍得湖的河流有埃贝吉（Ibeji）河、恩加达河、叶德西拉姆（Yedsram）河和科马杜古-约贝河。这 4 条河的总年径流量约 24 亿 m^3，只占乍得湖总径流量的 6%。

三、水资源开发利用

（一）开发利用与水资源配置

1. 水库

尼日利亚联邦水利部 2013 年数据显示，尼日利亚建有 264 座水库，较大水库累积容量估计为 506.67 亿 m^3，平均有效蓄水量约占总存储容量的 78%。除了修复 50 座现有水库之外，还有大约 30 座正在建设中的水库，新增库容 16 亿 m^3。尼日利亚坝高 45m 以上的水库见表 3。

表 3　尼日利亚坝高 45m 以上的水库

水库名	所在河流	建成年份	坝型	坝高/m	有效库容/亿 m^3	装机容量/万 kW	用途
希洛洛(Shiroro)	卡杜纳河	1989	堆石坝	105	60.5	60	灌溉、发电
卡因吉(Kainji)	尼日尔河	1968	重力坝、堆石坝	65.5	115	76	发电

续表

水库名	所在河流	建成年份	坝型	坝高/m	有效库容/亿 m^3	装机容量/万 kW	用途
巴科洛里(Bakolori)	索科托河	1982	土坝、堆石坝	48	4.03	0.03	灌溉
伊科尔峡(Ikere Gorge)	奥贡河(Ogun)	1983	土坝	47.5	5.65	0.06	灌溉、供水、发电
蒂加(Tiga)	卡诺河(Kano)	1975	土坝	47.2	18.45	0.06	灌溉、供水
下乌苏马(Lower Usuma)	乌苏马河(Ussuma)	1984	土坝	45	1	—	供水

资料来源：[1] Okoye J K，Achakpa P M. Background Study on Water and Energy Issues in Nigeria to Inform the National Consultative Conference on Dams and Development [R]. Nigeria：2007-03.

[2] 水利部科技教育司 . 各国水概况 [M]. 吉林科学技术出版社，1989.

2. **供用水情况**

2017 年，尼日利亚取水总量为 124.8 亿 m^3，其中农业取水量占 44%，工业取水量占 16%，城市取水量占 40%。人均年取水量为 $65m^3$。尼日利亚生活供水能力不足需水量的 1/3，只有 69%的尼日利亚人能够获得基本供水服务。根据尼日利亚联邦水利部 2000 年公布的全国供水政策，计划到 2007 年全国供水人口比例达到 80%；2011 年实现 100%供水，并随着人口增长保持 100%的供水比例。但实际上到 2015 年，尼日利亚供水部门只保证了 69%的国民能够获得的基本供水服务。

（二）洪水管理

尼日利亚的防洪体系建设并不完善，在防洪工程设计实施的过程当中，没有和其他公共部门协调统筹。如道路施工破坏了作为大坝受控泄压口的主要输水管道，损害了大坝的防洪安全性能。其他各主体也没有形成合力，往往未经总体规划和全盘考虑

就各自采取矛盾的防洪措施，甚至存在为保护当地或私人财产而修建的水坝、渠道等水工建筑物导致洪水侵袭其他地方的情况。

尼日利亚洪水预警系统很差，且洪水保险体系不完善。1980年的洪灾引起了尼日利亚对洪水风险管理的重视，当局采取了一系列措施，如奥贡帕渠化项目，宣传和组织人民从洪水泛滥区迁出等。但是到20世纪90年代末，当局的紧迫感减弱，又允许人们在蓄滞洪区建造建筑物。

（三）水力发电

1. 水电开发情况

尼日利亚的水电开发潜力在非洲排名第9，世界排名第31，技术可开发水电装机容量估计为1475万kW，技术可开发水电324.5亿kWh/年。截至2001年，水力发电量69.86亿kWh/年，已开发水电潜力的21.5%。IRENA数据显示，2020年尼日利亚已开发水能装机容量的14%，水电总装机容量为211.13万kW，在非洲国家中排名第8，占总装机容量的16%。其中90%以上的水电装机完成于30多年前。

2. 各类水电站建设概况

尼日利亚目前已建3个主要水电站：1968年建成的卡因吉水电站、1984年建成的杰巴水电站和希洛洛水电站。20世纪80年代后基本没有大型水电站建设，近年来正在建设一些水利工程，其中有中国企业参与建设的宗格鲁（Zungeru）水电站和蒙贝拉（Mambilla）水电站。

卡因吉水电站位于尼日尔河上，在杰巴上游约100km处，水电站装机容量76万kW，可扩展至115.6万kW。杰巴水电站装机容量56万kW，水库由高40m的土坝和堆石坝蓄水而成，总库容36亿m^3，有效库容10亿m^3。希洛洛水电站位于卡杜纳河和迪尼亚河汇合处下游约550m处希洛洛峡谷中，装机容量60万kW。

宗格鲁水电站位于尼日利亚尼日尔州宗格鲁镇卡杜纳河上，电站总装机容量70万kW，是目前尼日利亚在建最大水电站。蒙贝拉水电站利用尼日利亚东南部蒙贝拉高原上栋加（Danga）

河的河源区与崖底间 1000m 的落差来开发水电，设计装机 12 台单机容量 25.4 万 kW，被称为尼日利亚的“三峡工程”。项目曾因陷入法律纠纷而停滞，直到 2017 年被重新推动。

3. 小水电

尼日利亚第一座小型水电站建于 1923 年，比第一座大型水电站卡因吉水电站早建成 45 年。但此后小水电没有得到迅速发展，直到 21 世纪仍然处在初级阶段。只有少数几个州建设了一批小容量水电站，主要分布在高原州，该州有 6 座累计装机容量 2.1 万 kW 的小水电站。索科托州和卡诺州分别有一座装机容量 3000kW 和 6000kW 的小水电。这些小水电的利用系数基本都在 90%以上。此外仍有超过 52 个潜在小水电站等待开发。

(四) 灌溉排水与水土保持

1. 灌溉与排水发展情况

尼日利亚水资源开发利用程度较低，灌溉问题突出，不同的地域，水资源开发利用的状况也不相同。西北、东北、西南、东南、中北地区耕种面积分别有 950 万、350 万、240 万、280 万、660 万 hm^2，但灌溉面积分别约 7.3 万、7.2 万、5.7 万、3 万、6.4 万 hm^2，总共不到 30 万 hm^2。20 世纪 80 年代末，尼日利亚因重点关注经济改革而减少了对灌溉基础设施的重视，公共灌溉基础设施发展的预算减少，发展缓慢。主要灌溉工程有南乍得、巴格/基里诺瓦波尔德罗、卡诺河、巴科洛里、努曼，灌溉面积分别为 6.6 万、4 万、4 万、2.5 万、1.2 万 hm^2。

尼日利亚的大多数大型灌溉系统都配有排水网络，采用最多的是地表排水。但受到无土地农民的侵占、杂草生长、牲口踩踏、拖拉机行驶等，大多数地表排水网络无法运行。地下排水主要在萨凡纳糖业公司和巴奇塔糖业公司的灌溉系统中采用。

2. 水土保持

尼日利亚的建筑和农业开发缺乏科学的引导和控制，导致森林砍伐和农药污染。加上石油泄漏污染等问题，共同导致了大片农田的盐碱化和破坏。随着尼日利亚人口迅速增长，城市化不断推进，集约型农业集中在城市中心，加剧了土地和水资源的退化。

尼日利亚缺乏有效的水土保持方案实施推进能力，很多水土保持推广人员没有接受相关学科的正式培训，农民普遍忽视水土保持，且大多数农民经营规模不大，无法集中资源投资水土保持技术。

四、水资源保护与可持续发展状况

（一）水资源及水生态环境保护

由于石油勘探开采、农业污水、采矿等各种污染源未得到有效控制，加上输水系统未能有效保障水在输送过程中不受污染，尼日利亚面临着严重的水污染问题。尼日利亚还过度开采地下水来满足供水和灌溉，在北方地区导致土地盐碱化，在南方沿海地区还面临地下水位下降、盐水入侵的问题。大型水利工程的建设也影响了尼日利亚的水生态环境，如希洛洛大坝改变了鱼类洄游而使得卡杜纳河的鲑鱼等鱼种灭绝。

（二）水污染和治理

根据世界卫生组织准则，在尼日利亚只有约13%的地表水资源、17%的地下水资源和8%的雨水资源是清洁的。尼日利亚地表水污染来源主要是固体矿产勘探（占3%）、石油和天然气（占9%）、工业废水（占18%）、水文地质（占3%）、生活垃圾和污水（占8%）以及农业（占3%），地下水污染的主要来源是垃圾渗滤液（占11%）、水文地质（占25%）、工业废水（占1%）、城市化（占3%）、近污染源打井（占2%）、生活垃圾和污水（占8%）以及石油和天然气（占3%）。

在尼日利亚，废水处理几乎不存在。尽管大部分废水被送往水处理厂，但未能有效去除污染物就被排放到环境当中。而且只有很少一部分区域在污水处理厂覆盖范围内。有的城市如伊巴丹建立了综合废物管理体系，但是人们公开倾倒固体废物的现象仍然很常见。

五、水资源管理

（一）管理体制

尼日利亚的国体是联邦制，行政上分联邦政府、州政府和地方政府三级。联邦政府设立了水利部和12个流域开发管理局，与各州水务局共同开发和管理水利事业，以推进流域一体化开发、水资源综合管理。各州及州以下水利机构却尚未健全，水利技术人员缺乏，水利基础资料极少，技术相对落后，特别是基层管水组织不实，影响了水利事业的发展。

（二）管理机构及其职能

尼日利亚的水管理体系不完善，机构职权有重叠甚至冲突。

联邦水利部是联邦政府部门，有责任促进整个尼日利亚水资源的保护、使用、开发和管理，根据《宪法》行使权力，履行与水有关的职责，包括制定国家政策和战略、标准政策、立法等，监督和促进水利项目实施等。

国家水资源委员会由水利部部长和负责水资源事项的各州代表组成，职能是就任何与水有关的立法、国家水资源政策和战略制定、涉水部门协调等向联邦政府提供指导。

流域管理处在各水文区内设置，具有水文区内规划、管理、运营、监测、协调的职能，有取水许可证审批、收费等权力和向流域管理委员会提交报告的责任。

流域管理委员会与流域管理处对应，就水文区政策、管理战略、冲突协商、取水许可证发放、费率制定等有关事宜向流域提供建议。

河流流域开发管理局的职能是对地表水和地下水资源进行综合开发，特别是提供灌溉基础设施、洪水防控工程等的建造、运营和维护。

国家内河航道局负责设计规划和管理内陆水道运输，发展内陆水道网络，相关基础设施的建造、管理、维护，水文测量，颁发相关许可证和收取费用等。

六、水法规与水政策

尼日利亚于1976年颁布《河流流域开发法令》，之后经过数次修订，现执行的是2004年颁布的《河流流域开发局法》。另外1990年还颁布了州水法。两部法律共同规定尼日利亚的水资源

开发和管理。但尼日利亚没有实行有效的水资源管理，现有法律条例规定了确定水费和其他用水事项的多重权力，却没有为确定国民和经济用水的此类收费提供指导条款。

尼日利亚的取水许可审批权并不掌握在单个国家政府部门。1993 年的《水资源法令》授予联邦水利部对于跨州水道的控制权，2004 年该法更新为《水资源法》。而 1990 年的《矿产法》和 1997 年国家内河航道局第 13 号法令则分别规定了矿产部和内河航道局都具有相关的取水许可证审批颁发权，这两部法令也都在 2004 年修订。理论上在部门职权交叉的情况下，取水人在申请取水许可时将会遇到矛盾和争议，但实际上很少此类案件需要联邦高等法院对法案作出解释，这说明法律规定的取水许可制度没有得到很好的执行。

七、国际合作情况

1963 年，尼日利亚与尼日尔河及其支流的沿岸国家在尼日尔首都尼亚美召开会议，成立尼日尔河流域委员会，以促进尼日尔流域的资源开发和国际合作。1980 年尼日尔河委员会改组为尼日尔流域管理局和乍得湖流域委员会。

尼日利亚和尼日尔成立了联合委员会，于 1990 年签署了关于开发和保护科马杜古-约贝盆地水资源问题的《迈杜古里协定》。尼日利亚和喀麦隆的联合委员会于乍得湖湖水消退问题出现后成立，目的是解决两国边界模糊的冲突。尼日利亚还与喀麦隆签署了一项协议，交换每日流量数据，特别是从拉格多大坝测量的数据，并协调大型基础设施的运行。

塞拉利昂

一、自然经济概况

（一）自然地理

塞拉利昂全称塞拉利昂共和国（The Republic of Sierra Leone），位于非洲西部，北、东北与几内亚接壤，东南与利比里亚交界，西、西南濒临大西洋，国土面积 7.17 万 km^2，海岸线长约 485km。

塞拉利昂属热带季风气候，高温多雨，分旱雨两季，5—10 月为雨季，11 月至次年 4 月为旱季。全年平均气温约 26.5℃，2—5 月气温最高，室外最高气温可达 40℃以上，8—9 月气候最为凉爽，最低气温可至 15℃。塞拉利昂年平均降雨量 2000～5000mm，是西非降雨量最多的国家之一。

塞拉利昂全国有 4 个省和 1 个区，即东方省、北方省、南方省、西北省和西区。省下设行政区，行政区下设酋长领地，全国共设有 14 个区、149 个酋长领地。首都弗里敦（Freetown）是全国的政治、经济和文化中心，其他主要城市包括博城、马克尼、凯内玛、科诺和坡特洛克。

2019 年，塞拉利昂人口为 781.32 万人，人口密度为 106 人/km^2，城市化率为 42.5%。全国有 20 多个民族。南部的曼迪族最大，北部和中部的泰姆奈族次之，两者各占全国人口的 30%左右；林姆巴族占 8.4%；由英、美移入的“自由”黑人后裔克里奥尔人占 10%。官方语言为英语，民族语言主要有曼迪语、泰姆奈语、林姆巴语和克里奥尔语。60%的居民信奉伊斯兰教，30%的居民信奉基督教，10%的居民信奉拜物教。

2019 年，塞拉利昂可耕地面积为 158.4 万 hm^2，永久农作

物面积为16.5万hm^2，永久草地和牧场面积为220万hm^2，森林面积为257.43万hm^2。

（二）经济

塞拉利昂是最不发达国家之一。经济以农业和矿业为主，粮食不能自给。长期内战使塞拉利昂基础设施毁坏严重，国民经济濒于崩溃。内战结束后，塞拉利昂政府集中精力重建经济。科罗马总统执政后，重点解决电力短缺问题，优先发展农业、基础设施和矿业，加强税收征管，努力保持宏观经济稳定，实现经济快速增长。埃博拉疫情暴发后，经济社会发展受到较大影响。塞拉利昂矿藏丰富，主要有铁矿石、钻石、黄金、铝矾土、金红石等。采矿业是塞拉利昂的主要工业部门，其余有建筑业、食品加工、制鞋、石油提炼、制漆和水泥等。塞拉利昂全国60%以上的劳动力从事农业生产。塞拉利昂土地肥沃，雨量充沛，适宜农作物生长，但生产方式落后，大多以家庭为单位采用传统方法耕作。粮食不能自给。主要农作物有可可、木薯、咖啡、稻米、甘薯、花生、玉米等，畜牧业以饲养牛、羊、猪、鸡为主。塞拉利昂渔业资源丰富，水产储量约100万t，沿海盛产黄花鱼、小黄鱼、邦加鱼、金枪鱼、虾、舌鳎、绿鳎和鸦片鱼。塞拉利昂海滨地区风光秀丽，适宜发展旅游产业，但由于交通不便和资金缺乏，旅游资源一直未得到有效开发。塞拉利昂主要旅游景点包括弗里敦50km原始沙滩、古拉热带雨林森林公园、滨图玛尼山脉和铁吉山脉等。

2019年，塞拉利昂GDP为41.22亿美元，人均GDP为527.53美元。GDP构成中，农业增加值占60%，矿业制造业公用事业增加值占5%，建筑业增加值占1%，运输存储与通信增加值占3%，批发零售业餐饮与住宿增加值占10%，其他活动增加值占21%。

2019年，塞拉利昂谷物产量为109万t，人均139kg。

二、水资源状况

（一）水资源量

2017年塞拉利昂平均降雨量为2526mm，折合水量1826

亿 m^3。2017 年，塞拉利昂境内地表水资源量和地下水资源量分别为 1500 亿 m^3 和 250 亿 m^3，扣除重复计算水资源量（150 亿 m^3），境内水资源总量为 1600 亿 m^3。人均境内水资源量为 $21366m^3$/人。2017 年无境外水资源，实际水资源总量为 $1600m^3$，人均实际水资源量为 $21366m^3$/人（表 1）。

表 1　　塞拉利昂水资源量统计简表

序号	项　　目	单位	数量	备　注
①	境内地表水资源量	亿 m^3	1500	
②	境内地下水资源量	亿 m^3	250	
③	境内地表水和地下水重叠资源量	亿 m^3	150	
④	境内水资源总量	亿 m^3	1600	④=①+②-③
⑤	境外流入的实际水资源量	亿 m^3	0	
⑥	实际水资源总量	亿 m^3	1600	⑥=④+⑤
⑦	人均境内水资源量	m^3/人	21366	
⑧	人均实际水资源量	m^3/人	21366	

资料来源：联合国粮农组织统计数据库。表中水资源量均指可再生水资源量。

（二）流域与河流

塞拉利昂有 12 个流域，其中 5 个与几内亚共享，2 个与利比里亚共享。塞拉利昂境内河流密布，大多数河流大体上从东北流向西南。大斯卡西斯（Great Scarcies）河、小斯卡西斯（Little Scarcies）河、罗克尔河、塔亚（Taia）河、万杰河、塞瓦河、莫阿（Moa）河和莫罗（Maro）河都发源于东部或东北部高原。罗克尔河是塞拉利昂的主要河流，发源于东北几内亚高地，流经北部地区，在弗里敦注入大西洋。罗克尔河长 386km，流域面积 $10600km^2$，中游流量约 $100m^3/s$，其中塞拉利昂境内长为 290km，流域面积为 $6515km^2$，马兰帕以下可通航。莫阿河发源于几内亚高原，流经几内亚、利比里亚和塞拉利昂，总长 425km，流域面积 $17900km^2$，其境内长度为 266km，流域面积为 $17150km^2$，注入大西洋。

三、水资源开发利用

（一）开发利用与水资源配置

1. 水库

1980—2017 年，塞拉利昂大坝总容量稳定在 2.2 亿 m^3 左右。人均大坝容量从 1980 年的 62.41m^3 逐渐下降到 2017 年的 29.38m^3。

该国运行中的大型坝有 2 座，其中堆石坝和混凝土坝各 1 座。塞利河上建有 88m 高的沥青混凝土面板堆石坝，水库库容为 4.28 亿 m^3。

2. 供用水情况

2017 年，塞拉利昂取水总量为 2.2 亿 m^3，其中农业取水量占 23%，工业取水量占 27%，城市取水量占 50%。人均年取水量为 28m^3。2017 年，塞拉利昂 62.6%的人口实现了饮水安全，其中城市地区和农村地区分别为 84.9%和 47.8%。

（二）水力发电

塞拉利昂水电蕴藏量约 120 万 kW。最大的水电站是位于唐克里里（Tonkolili）区的本布纳（Bumbuna）水电站，2009 年投入使用，总装机容量 5 万 kW。

该国主要的小水电站是位于其东部的戈马（Goma）水电站，装机容量 4000kW，1986 年投运。该项目和 1 座装机容量 5000kW 的柴油发电站联合运行（通过 1 条 33kV 的输电线路相连）。该电站由塞拉利昂投资，中国提供技术援助。

另外，由湖南建工集团承建的两座水电站——夏洛特（Charlotte）水电站和马卡里（Makalie）水电站已于 2016 年由中国大使馆和湖南建工集团移交给弗里敦能源部，装机容量合计为 2700kW。

塞拉利昂的净发电量从 1999 年的 0.7 亿 kWh 增加到 2018 年的 2.6 亿 kWh，平均年增长率为 12.63%。塞拉利昂水电净发电量从 2000 年的 0.2 亿 kWh 增加到 2019 年的 1.8 亿 kWh，占全国总发电量的 65%。2018 年，塞拉利昂的水电装机容量为

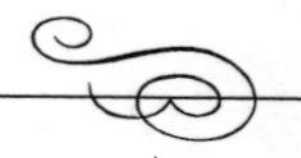

6.4 万 kW，占非洲总装机容量的 0.2%。

（三）灌溉情况

塞拉利昂的灌溉规模很小。据联合国粮农组织资料显示，2017 年，塞拉利昂有效灌溉面积为 2.9 万 hm^2，主要依靠地表水进行灌溉。

四、水资源管理

2013 年，塞拉利昂政府部门由 22 个增至 23 个，涉及水资源管理的部门，由原能源与水资源部重组为能源部和水资源部。塞拉利昂环境保护局是塞拉利昂环保管理部门，隶属土地规划和环境部，其主要职责是保护自然环境，使之更加适合人类居住。

五、国际合作情况

根据 2008 年中非论坛援助非洲计划，我国为塞拉利昂多个水电站提供援助，如戈马水电站、夏洛特水电站等，这也是落实《联合国千年宣言》、援助非洲 100 个水电站的一部分。其中由中国电工设备总公司承建的多多水电站升级改造工程于 2007 年 7 月竣工并运行。

自 1971 年 7 月中塞两国建交以来，中国向塞拉利昂政府提供各种援助近 2 亿元人民币，利用贷款援建成套项目 12 个（不包括生产技术合作和 1986 年 2 月新签订的项目）。2021 年正值中塞建交 50 周年，塞拉利昂外长弗朗西斯表示愿同中方开展基础设施、农业等领域互利合作，深化各领域务实合作。

塞内加尔

一、自然经济概况

(一) 自然地理

塞内加尔全称塞内加尔共和国(The Republic of Senegal),位于非洲西部凸出部位的最西端。北接毛里塔尼亚,东邻马里,南接几内亚和几内亚比绍,西濒大西洋。国土面积1967万hm^2,海岸线长约500km。

塞内加尔受信风带影响,属夏雨冬干型的热带草原气候,由于冬季东北风和夏季西南风的影响,干燥和潮湿的季节分明。11月至次年6月为旱季,7—10月为雨季。旱季(12月至次年4月)以炎热、干燥的哈马坦风为主。年平均气温29℃,最高气温可达45℃,9—10月气温最高,平均气温为24~32℃,内陆温度高于沿海地区,最高月平均气温27℃,最低月平均气温17℃,雨季为6—10月,年降雨量约为600mm,降雨量向南大幅增加,某些地区的年降雨量超过1500mm。

塞内加尔全国共有14个大区,172个县市,385个乡镇。达喀尔是塞内加尔首都,是政治经济文化中心。2020年全国人口1630万,其中农业人口占全国总人口的70%以上。全国有20多个民族,主要是沃洛夫族(占全国人口的43%)、颇尔族(占24%)和谢列尔族(占15%)。官方语言为法语,全国80%的人通用沃洛夫语。95.4%的居民信奉伊斯兰教,4.2%的居民信奉天主教,其余信奉拜物教。

2019年,塞内加尔可耕地面积为320万hm^2,永久农作物面积为7.8万hm^2,永久草地和牧场面积为560万hm^2,森林面积为814.82万hm^2。

（二）经济与科技

塞内加尔是全球最不发达国家之一，但经济门类较齐全，三大产业发展较平衡。2019 年，塞内加尔 GDP 为 235.8 亿美元，人均 GDP 为 1446.95 美元。GDP 构成中，农业增加值占 16%，矿业制造业公用事业增加值占 23%，建筑业增加值占 3%，运输存储与通信增加值占 9%，批发零售业餐饮与住宿增加值占 15%，其他活动增加值占 34%。渔业、花生、磷酸盐出口以及旅游业是塞内加尔四大传统创汇产业。

塞内加尔农业以种植花生、棉花、小米、高粱、玉米、木薯等为主。2019 年，塞内加尔谷物产量为 277 万 t，人均 170kg。粮食不能自给，仅能满足 40%的需求。主要经济作物有花生和棉花。除满足国内需要外，绝大部分花生用于出口，是国民经济重要支柱之一。

塞内加尔矿产资源贫乏，主要有磷酸盐、铁、黄金、铜、钻石、钛等。磷酸钙储量约 1 亿 t，磷酸铝储量为 5000 万～7000 万 t。锆石储量约 8 亿 t。塞内加尔工业具有一定基础。全国有 500 多家企业，85%的工厂企业集中在达喀尔。食品加工业是最主要的工业部门，约占每年工业增加值的 40%左右。化工业在每年工业增加值中所占比重为 12%，主要生产磷酸盐和化肥等。

二、水资源状况

（一）水资源量

2018 年塞内加尔境内地表水资源量约为 238 亿 m^3，境内地下水资源量约为 35 亿 m^3，重复计算水资源量约为 15 亿 m^3，境内水资源总量为 258 亿 m^3，人均境内水资源量为 1627m^3/人。2018 年塞内加尔境外流入的实际水资源量为 131.7 亿 m^3，实际水资源总量为 389.7 亿 m^3，人均实际水资源量为 2458m^3/人（表 1）。

表 1　　塞内加尔共和国水资源量统计简表

序号	项　目	单位	数量	备　注
①	境内地表水资源量	亿 m^3	238	
②	境内地下水资源量	亿 m^3	35	

续表

序号	项　目	单位	数量	备　注
③	境内地表水和地下水重叠资源量	亿 m^3	15	
④	境内水资源总量	亿 m^3	258	④=①+②-③
⑤	境外流入的实际水资源量	亿 m^3	131.7	
⑥	实际水资源总量	亿 m^3	389.7	⑥=④+⑤
⑦	人均境内水资源量	m^3/人	1627	
⑧	人均实际水资源量	m^3/人	2458	

资料来源：联合国粮农组织统计数据库。表中水资源量均指可再生水资源量。

（二）河流

塞内加尔主要河流有塞内加尔（Senegal）河、萨卢姆（Saloum）河、冈比亚（Gambia）河和卡萨芒斯（Casamance）河，以及一些季节性河流。

塞内加尔河是西非一条较大的河流，发源于几内亚富塔贾隆高原，流经几内亚、马里、塞内加尔以及毛里塔尼亚等国家，注入大西洋。塞内加尔河上游河段称巴芬（Bafing）河。在马里的巴富拉贝接纳右岸支流巴科依（Bakoy）河后始称塞内加尔河。在卡斯和巴克尔两地之间，河流进入塞内加尔，汇合了来自左岸的法莱梅（Faleme）河。法莱梅河也起源于几内亚，是最后一条常年有水的支流。由此向下，塞内加尔河是塞内加尔与毛里塔尼亚的界河，蜿蜒向西，在圣路易注入大西洋。从巴芬河源头算起，河流全长1430km，形成一个大弯曲，围绕着塞内加尔的富塔和费尔洛干旱平原。塞内加尔河面积最大，流域面积44万 km^2，约占该国总面积的37%，河口年平均流量760m^3/s。平均每年流入约200亿 m^3，年际变化较大。冈比亚河发源于几内亚富塔贾隆高原，流经塞内加尔及冈比亚，在班珠尔附近注入大西洋。全长1120km，流域面积7.7万 km^2。中下游河宽水深，入海口水面宽20km，深8m。冈比亚河占该国总面积的30%，年平均流量约为27亿 m^3，1974年为33亿 m^3，1984年仅为11

亿 m^3。卡萨芒斯河占该国总面积的 11%，主要受海水入侵的影响，年平均流入量估计为 6000 万 m^3。这些河流的特点是：在 8—9 月的最大降雨量之后是高水位期，7 月是低水位期。雨季也有不可持续的溪流和池塘。小流域是间歇性径流的发源地，这些径流均流入大河流或大海。在大洼地，也会形成池塘，在越冬后可以持续 2～3 个月。

三、水资源开发利用

（一）水资源发展历程

与撒哈拉以南非洲的平均水平相比，塞内加尔的供水水平相对较高。自 1996 年以来在塞内加尔实行的政府社会资本合作（PPP），由 Senegalaise des Eaux（SDE）作为社会资本方，与塞内加尔政府签订 10 年合同进行经营管理。1996—2014 年期间，水的销售量翻了一番，达到每年 1.31 亿 m^3，超过 63.8 万个家庭得到供水，较之前供水量增加了 165%。

根据世界银行的说法，“塞内加尔的案例被认为是撒哈拉以南非洲政府和社会资本合作的典范。”此外，塞内加尔拥有一家在撒哈拉以南非洲独一无二的，负责污水处理、废水处理和雨水利用的国家环卫公司。

（二）开发利用与水资源配置

1. **水库**

塞内加尔于 1981 年 10 月在塞内加尔河三角洲地带开工建设迪阿马闸坝（Diama），1986 年建设完成。1982 年 6 月在马里境内塞内加尔河的支流巴芬河上开工建设马南塔里（Manantali）水库，1988 年建设完成。水库的建设促进了塞内加尔河航运事业与水电事业的发展。

迪阿马水库，位于圣路易市以北 200km 的塞内加尔河上，坝高 18m，坝顶长 673m，设有 13m×175m 的通航船闸。主要任务是在枯水期防止海潮上溯、存蓄淡水（过去海水可上溯到河口以上 200km，极大影响了农业用水和沿岸居民用水）。迪阿马水库存蓄淡水可全年为塞内加尔境内约 4 万 hm^2 的土地提供灌溉

用水。

马南塔里水库位于卡伊市附近塞内加尔河支流巴芬河上，坝高 66m，坝顶长 1500m，中段为混凝土坝，长 470m，两侧为堆石坝，顶长分别为 670m 和 360m。电站装机容量 20 万 kW，水库长 80km，可用于灌溉、发电、航运和防洪。

2020 年，塞内加尔水力发电装机容量 81MW，位列非洲第 30 名。

2. **供用水情况**

塞内加尔地处西非萨赫勒地区，水资源十分紧缺，农村地区水利基础设施严重缺乏，塞内加尔农村地区多年来饱受无法获取干净的饮用水之苦。

为缓解供用水紧缺的形势，政府启动了千年供水和卫生计划（PEPAM），以实现供水和卫生的千年发展目标。2017 年，塞内加尔取水总量为 22.3 亿 m^3，其中农业取水量占 93%，工业取水量占 3%，城市取水量占 4%。人均年取水量为 $144m^3$。

2019 年中国政府援助的塞内加尔乡村打井供水项目顺利完工，为塞内加尔全国 14 个大区中的 12 个大区超过 200 万的农村人口建成饮用水设施，极大改善了塞内加尔农村地区的饮用水质量、卫生条件和生活水平。

（三）洪水管理

1. **洪灾情况与损失**

1970—2000 年，塞内加尔遭受了长期干旱，导致农村人口外流。现在，塞内加尔近一半的人口生活在城市地区；这些地区中有 76%以上属于计划外定居点。该国首都达喀尔仅占塞内加尔领土的 0.3%（2011 年），但集中了该国 21%的人口，以及大部分公共服务和经济活动。

这些城市边缘地区的社区已经成为塞内加尔最贫穷的社区，最容易受到暴雨和洪水的侵袭。在这种城市增长失控的情况下，洪水带来的问题会因缺乏有效的排水系统和配套的应急措施等而更加严重。

21 世纪头 10 年，特别是 2005 年、2009 年和 2012 年，洪水

造成了十分严重的损失。除了人命损失外，道路、桥梁、房屋等基础设施和其他财产也损失惨重。农业方面灌溉网络破坏和农作物损失惨重。2008—2012 年，塞内加尔政府投资了 700 多亿非洲法郎（不包括外部支持）以抵御洪水，但没有取得令人满意的结果。

2. **防洪体系**

灾害风险管理（DRM）是塞内加尔政府宣布的一个优先事项，已被纳入国家发展政策。这些努力主要包括签署《2005—2015 兵库行动框架》（HFA），将灾害风险管理作为优先事项纳入《塞内加尔国家发展战略》（NDSS），并在 2011 年通过了一项减少灾害风险的国家计划，加强了国家在灾害风险管理所有领域的能力。塞内加尔政府制订和实施了一个为期 10 年的可持续洪水管理计划，估计超过 7000 亿非洲法郎（14 亿美元），并委托一个部级实体负责实施。

3. **洪水管理理念和实践**

塞内加尔于 2012 年组建了洪水区重组和管理部（MRM-FZ），这被认为是一项重大政治创新。这样一个实体应促进所有利益相关者之间的协调。

十年洪水管理计划也被认为是政府的一项重大创新，包括实施雨水管理和气候变化适应项目 PDGI（Project for Management of Storm Water and Adaptation to Climate Change）。这是一个创新的综合性可持续洪水管理项目，也包括用于建设排水网络的其他项目。

（四）灌溉排水与水土保持

考虑到社会经济和环境限制，塞内加尔灌溉潜力约为 40 万 hm^2，其中 24 万 hm^2 用于完全和部分控制区，10 万 hm^2 用于退化作物，6 万 hm^2 用于浅滩和红树林。

2002 年，有水控制的土地面积估计为 14.968 万 hm^2，其中完全/部分控制的土地面积为 10.218 万 hm^2。

1996 年，实际灌溉面积不超过 6.9 万 hm^2。由于设施管理系统的缺陷，特别是维修的组织和资金方面的缺陷，基础设施陈

旧，支出大幅度减少。此外，由于国内市场有时充斥着价格非常低的进口大米，因此本国水稻销售困难。90％的灌溉水来自地表水，要么来自蓄水，要么通过泵从河流取水。然而，在尼亚耶地区，地下水用于非常小规模的灌溉，主要用于蔬菜灌溉，灌溉技术采用地表灌溉。

四、水资源保护与可持续发展状况

除塞内加尔河的水质良好，略呈碱性，可用于灌溉外，其他大多数灌溉地区在没有排水系统的情况下，灌溉土壤长期存在钠化和碱化的风险。幸运的是，山谷土壤中钙离子的含量起到了缓冲作用，这种缓冲作用将持续很长时间。塞内加尔局部地表水水质恶化，塞内加尔河三角洲的富营养化，是由于新建水库导致水流速度降低，以及杀虫剂等化学和生物污染造成的。特别是在塞内加尔三角洲和河谷、尼亚耶和达喀尔地区，此外塞内加尔河三角洲也受到水传播疾病（血吸虫病和腹泻）的影响。

在萨洛姆（Sine－Saloum）三角洲，由于降雨不足，盐渍化和酸化破坏了约23万hm^2的土地，导致地下水位持续下降。此外，不受控制的伐木、作物种植区的扩大和灌木丛火灾也是退化的另一个来源。风、水和化学（盐）侵蚀加剧了这种情况。然而，除塞内加尔东部外，每个农业生态区都报告了盐渍化土壤。

五、水资源管理

为了实施水资源管理，政府建立了以下机构：

在水部门项目框架内设立了高级水务委员会，它由总理主持，由参与水管理的各部和高级当局组成。主要负责水资源开发和管理，并在发生冲突时充当仲裁者。

水技术委员会是一个咨询机构，它汇集了对水管理感兴趣的技术部门、研究人员和学者、协会和资源人员。

吉尔斯湖管理小组及其指导委员会，它汇集了对湖泊管理感兴趣的所有利益相关者，包括行政当局、河岸地水资源管理等。

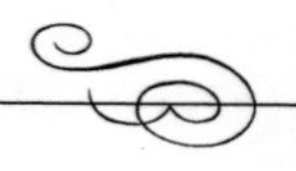

六、水法规与水政策

1981 年 3 月 4 日第 81－13 号水法颁布，其基本原则是确定了水的公共所有权，这使水资源成为所有人的共同资源。这是资源规划、管理以及在不同用途之间公平分配的良好基础，使得水资源在严格尊重公共利益的情况下，根据需要分配给每个人。

1998 年 6 月 25 日第 98－555 号法令规定了获得建造和使用集水和排水设施许可证的细则。1998 年 6 月 25 日第 98－556 号法令细化了水法关于水警察的规定。1998 年 6 月 25 日第 98－557 号法令设立了高级水务委员会。

七、国际合作情况

塞内加尔河开发组织（OMVS）由马里、毛里塔尼亚和塞内加尔组成，成立于 1972 年，是 1963—1968 年塞内加尔河流域国家间发展委员会和 1968—1972 年塞内加尔河沿岸国组织（OERS）的后续行动。它的任务是促进成员国的经济发展，以期合理利用塞内加尔河流域的资源。

冈比亚河开发组织（OMVG）由几内亚、几内亚比绍、冈比亚和塞内加尔组成。

斯 威 士 兰

一、自然经济概况

（一）自然地理

斯威士兰全称斯威士兰王国（The Kingdom of Eswatini）系非洲东南部内陆小国，北、西、南三面为南非所环抱，东与莫桑比克为邻。年平均气温西部为16℃，东部为22.2℃。斯威士兰王国国土面积1.7363万km^2，全国分为4个区：希塞尔韦尼(Shiselweni)、卢邦博（Lubombo)、曼齐尼（Manzini)、霍霍(Hhohho)。首都为姆巴巴内（Mbabane)。

斯威士兰属亚热带气候，夏季多雨。从10月到次年3月的降雨量约占75%。斯威士兰分为4个气候区：高地（Highveld)、中间地带（Middleveld)、低地（Lowveld）和卢邦博(Lubombo）高原。季节与北半球相反，12月为仲夏，6月为仲冬。1—2月最热，气温为15～25℃；6月最冷，气温为5～19℃。1月最湿，月平均降雨量252mm；6月最旱，月平均降雨量18mm。一般来说，降雨主要发生在夏季，通常以雷阵雨的形式出现。冬季是干燥的季节。年降雨量在西部的高地最高，为1000～2000mm根据年份不同而不同。越往东，雨量越少，低洼地的年降雨量为500～900mm。温度的变化也与海拔有关。高山区较温暖，而低山区在夏季气温可能会达到40℃左右。全国长期年平均降雨量为788mm。

2019年全国人口115万人，其中姆巴巴内人口约为10万人。全国人口中斯威士族占90%，祖鲁族和通加族占6%，白人占2%，其余为欧非混血人种。官方语言为英语和斯瓦蒂语。居民约60%信奉基督教，30%信奉原始宗教，10%信奉伊斯兰教。

农牧业在斯威士兰国民经济中占重要地位，80%的人口从事农业。2019 年，农牧业产值占国内生产总值的 9.1%。斯威士兰可耕地面积估计为 19 万 hm^2，占国土总面积的 14.3%，但目前粮食不能自给，其中 17.8 万 hm^2 为耕地，1.2 万 hm^2 为永久性作物。草地牧场面积约占国土总面积的 67%。主要作物有甘蔗、玉米、棉花等。甘蔗种植是斯威士兰就业人口最多的行业。

（二）经济与科技

斯威士兰人均国内生产总值居撒哈拉沙漠以南非洲国家前列，被世界银行列为中等偏下收入国家。奉行自由市场经济，重视利用私人和外国资本，鼓励出口。经济开放度高，出口以农产品为主，经济增长受气候条件和国际市场变化影响较大。斯威士兰在 20 世纪 80 年代末期经济发展较快，国内生产总值年增长率曾达 7.8%。90 年代经济出现回落，平均年增长率为 6.5%。2003 年推出新的经济增长战略，在增收减支的同时，努力促进农业发展，保障粮食安全，实现农作物种植多样化。斯威士兰经济严重依赖南非，自身回旋余地小，出口商品单一，发展不均衡，社会贫富差距悬殊。2020 年，新冠肺炎疫情对斯威士兰经济造成较大冲击，当年 GDP 约为 39 亿美元，人均 GDP 约为 3362 美元。

二、水资源状况

（一）水资源量

2018 年斯威士兰境内地表水资源量约为 26.4 亿 m^3，境内地下水资源量约为 6.6 亿 m^3，重复计算水资源量约为 6.6 亿 m^3，境内水资源总量为 26.4 亿 m^3，人均境内水资源量为 $2323m^3$/人。2018 年斯威士兰境外流入的实际水资源量为 18.7 亿 m^3，实际水资源总量为 45.1 亿 m^3，人均实际水资源量为 $3969m^3$/人（表 1）。

表 1　　斯威士兰水资源量统计简表

序号	项　目	单位	数量	备　注
①	境内地表水资源量	亿 m^3	26.4	
②	境内地下水资源量	亿 m^3	6.6	

续表

序号	项　目	单位	数量	备　注
③	境内地表水和地下水重叠资源量	亿 m^3	6.6	
④	境内水资源总量	亿 m^3	26.4	④=①+②-③
⑤	境外流入的实际水资源量	亿 m^3	18.7	
⑥	实际水资源总量	亿 m^3	45.1	⑥=④+⑤
⑦	人均境内水资源量	m^3/人	2323	
⑧	人均实际水资源量	m^3/人	3969	

资料来源：联合国粮农组织统计数据库。表中水资源量均指可再生水资源量。

（二）河流

斯威士兰有 5 条主要河流。科马蒂河（Komati）和洛马蒂河（Lomati）在斯威士兰北部，都发源于南非，从斯威士兰流回南非，然后进入莫桑比克。穆鲁兹河（Mbuluzi）发源于斯威士兰，流入莫桑比克。恩瓜武马河（Ngwavuma）发源于斯威士兰西南部，向东流入南非，然后进入莫桑比克。马普托河（Maputo）流经南非、斯威士兰、莫桑比克。对斯威士兰地表水资源有贡献的第 6 个河流系统是庞戈拉河（Pongola），它位于斯威士兰南部的南非。建在南非一侧的约济尼（Jozini）大坝淹没了斯威士兰一侧的一些土地，这些水可供斯威士兰使用。斯威士兰主要河流特征值见表 2。

表 2　　斯威士兰主要河流特征值统计简表

序号	名　称	流经区域	长度/km
①	科马蒂河（Komati）	南非—斯威士兰—莫桑比克	480
②	洛马蒂河（Lomati）	南非—斯威士兰—莫桑比克	480
③	穆鲁兹河（Mbuluzi）	斯威士兰—莫桑比克	9.92
④	马普托河（Maputo）	南非—斯威士兰—莫桑比克	31
⑤	恩瓜武马河（Ngwavuma）	斯威士兰—南非—莫桑比克	—
⑥	庞戈拉河（Pongola）	夸祖鲁—庞戈拉—莫桑比克	265

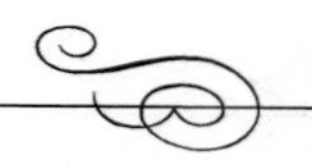

（三）地下水

斯威士兰的年可再生水资源总量为45.1亿m^3，其中18.7亿m^3来自南非。尚未对斯威士兰的地下水资源进行定量评估。据估计，斯威士兰的地下水资源潜力约为$21m^3/s$，相当于6.6亿m^3/年，而大部分地下水资源在高地和中间地带地区。除了后卡鲁火成岩侵入地层和最近沿主要河谷形成的薄层冲积层之外，斯威士兰几乎所有的地下岩石都是奥陶纪基底复合体和卡鲁系统的强固结岩石，这限制了斯威士兰的地下水开发潜力。

三、水资源开发利用

（一）水资源发展历程

农业、市政和工业用水总量估计超过10亿m^3。全国95%以上的水资源用于灌溉。

斯威士兰于1954年开始修建麦克伦工程（Malkerns），利用大乌苏图河水灌溉中原地区西部的$4000hm^2$农田。1950年开始引用科马蒂河水灌溉，并在1954年建成长为67.6km的灌渠。1985年灌溉面积发展至6.2万hm^2，占可耕地面积的35.2%。灌溉工程主要由国内外私人企业投资建设。

斯威士兰拥有许多河流，但其中许多不适合进行大规模水力发电，这使得该国电力依赖进口。

（二）开发利用与水资源配置

斯威士兰水务局（DWA）运营并维护着该国河流沿岸的38个河流测量设备。该国的气象观测数据很稀少；斯威士兰气象局运营和维护着8个气象站。该国还有9座水库，坝高超过10m，主要用于灌溉。据斯威士兰电力公司数据，2011年斯威士兰共有60.4MW的水电装机能力在运营，提供全国约15%的电力，2020年，斯威士兰水力发电装机容量为60MW，位列非洲35名，水力发电量为0.16TWh。

斯威士兰在2015—2016年遭受了严重的干旱，这是该国50年来经历的最严重的干旱。2018年6月，美国陆军工程兵团

(USACE) 和美国非洲司令部（AFRICOM）的代表访问了斯威士兰，讨论美国陆军工程兵团对斯威士兰水管理战略的潜在技术援助，并解决斯威士兰供水能力不足的问题。项目第一阶段于2019年3月启动，美国陆军工程兵团的工程师与斯威士兰的水文学家会面，并对几个大坝和河流测量站进行现场考察，以了解斯威士兰的水系统。项目的第二阶段包括开发地表水和地下水模型。

为了促进水资源的开发，斯威士兰和南非政府于1992年签署了一项关于建立联合水事委员会的条约。委员会就两国共同关心的水资源可利用部分的分配标准、水资源开发调查（包括任何水厂的建设、运营和维护）、预防和控制水资源污染等方面有关的所有技术事项向两国提供咨询。

另一个国际机构是科马蒂流域水资源管理局（KOBWA），它是根据斯威士兰王国政府和南非政府签订的《科马蒂河流域水资源开发利用条约》（1992年）于1993年成立的一家双边公司。其目的是实施科马蒂河流域开发项目的第一阶段，包括设计、建造和维护南非的德里卡佩斯坝（Driekoppies）和斯威士兰的马古加（Maguga）大坝。《联合水务委员会成立和运作条约》和《科马蒂河流域水资源开发利用条约》都承认莫桑比克有权合理、公平地共享河流的水资源。

根据斯威士兰、南非和莫桑比克三方协定成立的三方技术委员会（TCTP），负责确定三方水务部门的职能并确定其优先次序，以及建立分配制度。

南部非洲发展共同体（简称南共体，SADC）成员国签署了一项关于共有水道的议定书。该议定书的总体目标是促进更密切的合作，以便明智、可持续和协调地管理、保护和利用共有水道，并推动南共体的区域一体化和减贫议程。

自然资源和能源部（MNRE）负责评估、监测、管理和分配该国的水资源；水资源处（WRB）负责河流流量观测、水资源规划和污染控制；而农村供水处负责农村供水和卫生；地质勘查和采矿处的地下水部负责钻井和地下水的开采。

斯威士兰水务公司是一个半官方组织，负责城市和近郊的供水和卫生工作。斯威士兰环境局（SEA）负责污染控制工作，并对项目发起者提交的环境影响评估报告和环境保护措施评价后分配合规证书。农业和合作社部建造小型土坝，并协助农民利用水资源。

（三）洪水管理

1. 洪灾情况与损失

干旱和洪水并存对斯威士兰构成了强大的威胁，必须对其加以管理。在20世纪下半叶，干旱和饥荒的反复出现使得灌溉的发展成为必要，以保护作物不受损失，并减少大规模的饥荒救济开支。随着人口的增加，人类的发展活动逐渐侵占了洪泛区。

造成洪水的原因是河流过流能力不足，河床侵蚀、淤塞，无法容纳因暴雨而从上游集水区带来的大量水流；地震和山体滑坡导致河道改变和水流受阻；主要河流和支流的洪水同步发生；洪泛区的侵占；城市地区随意和无计划的增长。

2. 防洪体系

人口的快速增长和日益严重的贫困给河流带来了压力。在洪泛区定居和（或）耕作的居民正在迅速增加。这不仅对环境造成了影响，而且对洪泛区居民的生命财产产生威胁。

南共体（SADC）地区的储水非常少，因此既容易受到干旱的影响，同时缓解洪水的能力也很有限。斯威士兰在储水方面的情况与社会经济发展对水资源的高度依赖是一样的。斯威士兰现有的水库不能抵御所有的洪水，因此需要开发更多的水库来满足防洪需求。一个普遍的问题是，建设开发大型水库时，总是只考虑单一用途。在规划时，很少注意到多用途共同开发的潜力。

3. 洪水管理新理念和实践

国家水务局（NWA）制定了一系列政策：

（1）国家水务局将制定大坝基础设施发展总体规划，以确保主要用途的全面供水覆盖。

（2）国家水务局将根据国际公认的最佳实践，如世界水坝委员会（WCD）报告和南共体（SADC）水坝指南，设计和运营所有水坝，无论大小，以最大限度地实现财务、物理和环境可行的多用途目标。

（3）国家水务局将制定法规，以指导水库的开发、管理和多用途使用。

（4）国家水务局将通过制定适当的安全指南以及建立执行此类指南的机构来加强大坝的安全性。

（5）国家水务局将为水库的各种用途制定操作规则。

（6）国家水务局将促进水坝的建设，以综合多种用途。

（7）国家水务局将吸纳所有相关当局参与所有水坝的监管。

（8）国家水务局将对技术、经济、社会和环境影响进行全面、客观的前后评估，并采取适当的缓解措施。

（四）灌溉排水与水土保持

2003年颁布的《斯威士兰水法》仍然有效。它寻求将水资源管理合并到一个部之下。斯威士兰还建立了流域管理机构（流域当局、灌溉区和用水者协会）。该机构拥有管理水资源的重大权力。

高地、中间地带、低地和卢邦博高原这些地带的气候和地形特征决定了斯威士兰土地的利用模式，而土地利用模式反过来又影响水的利用。土地的主要用途包括小型自给农业、大规模商业农业和公共放牧。全国水资源空间分布不均；水源通常不在需求所在的位置，因此需要利用水库和输水系统将水输送给用户。这也表明需要建立有效的水管理机构。

四、水资源保护与可持续发展状况

（一）水资源及水生态环境保护

斯威士兰是一个水资源相对充足的国家，拥有广阔的可耕地。几条横穿全国的河流形成了5个主要流域，即洛马蒂河、科马蒂河、穆鲁兹河、恩瓜武马河和马普托河。所有这些河流都是国际性的，因此，地表水的开发是与沿岸国家合作进行的。斯威士兰境内每年产生的径流约为2.76亿m^3，而平均年降雨量为

14800 万 m^3，这意味着只有 18%的雨水被转化为径流，而径流的 20%用作维持生态环境。

（二）水污染情况

斯威士兰是内陆小国，国内 100 余万居民中绝大部分都生活在贫困之中，69%的人生活在贫困线以下，水质影响了很大一部分人的身体健康。33 万斯威士兰人无法获得安全的水，而 50 万人没有足够的卫生设施。在斯威士兰，缺乏安全的水质甚至导致每年有 200 名儿童死亡。

逐步的工业化导致了斯威士兰的水资源质量逐渐恶化，污染水质的主要制造业公司位于乌苏图（Usuthu）盆地，这里重工业发达。水体的污染特点是悬浮固体、化学需氧量和酚类化合物值特别高。

（三）水污染治理

国家的水质由自然资源和能源部的水资源处监测，城市地区的水质由斯威士兰水务公司监测，地下水/钻孔的水质由地质调查局监测。

斯威士兰政府试图通过在全国范围内钻井来缓解用水紧张的状况。并将井口的未来管理权留给其用户。然而，由于当地人无力支付维护费用，水井变得破旧不堪。外国援助组织在当地设立了一些项目，教导学校如何建立和维护适当的卫生系统，为当地提供清洁饮用水。

水污染控制条例规定：地方水务局随时上报地方水质指标超标状况，每年撰写年度报告，至少每 5 年审查一次水质目标，采取罚款及监禁的方式限制个人及企业的污水排放。

五、水资源管理

斯威士兰的主要水管理机构载于 2003 年《水法》，包括：国家水务局，负责规划政策制定和监测水的使用；联合水务委员会，负责处理跨界水问题；水资源分配委员会，作为一个临时机构，将履行河流流域管理机构的职能，直到河流流域管理机构成立时

为止，以及在江河流域管理机构成立之前，该机构将履行江河流域管理机构的职能；用水户协会，是由用水户组成的机构。

斯威士兰的水资源管理需要根据气候变化的预期影响而进行调整。为此，水资源综合管理（IWRM）的原则将在项目中体现，这些适应措施的重点是利用两种方法改善农村社区的用水状况，即：①试点改进土地使用方法，提高水在土壤中的渗透率；②引入雨水收集技术。这些措施的长期效果是，在旱季，可以补充地下水位，增加河流和溪流的地表流量，并为社区提供更好的灌溉和饮用水源。此外，通过试点这些适应措施，社区将更有能力管理气候风险。

六、水法规与水政策

在1992年《斯威士兰环境管理局法》的基础上，出台《1999年水污染控制条例》，做出以下规定：

（1）每个水务局必须在行使权力的合理范围内，确保其管辖范围内的每个水体的水质在任何时候都能达到水质目标。

（2）每个有监测水质义务的水务局，如果其管辖范围内的水体水质不符合水质目标，必须以书面通知的形式告知水务局，并告知水务局为确保今后达到水质目标而正在采取和将要采取的措施。

（3）水务局必须在发现或被告知未达到水质目标的两天内向管理局发出第（2）条规定的通知。

（4）每个水务局必须向管理局提交一份年度报告，内容涉及其管辖范围内水体的水质以及为确保达到水质目标和改善或保持水质而采取的措施。

（5）管理局必须考虑根据第（4）款提交的报告，每5年至少审查一次水质目标，以确保其适当和充分，确保对环境和人类健康的高度保护，并必须公布审查结果。

（6）在部长制定新的水质目标之前，管理局必须按照1999年《环境审计、评估和审查条例》第13条规定的程序提交新的水质目标供公众审查。

对于污水排放的规定，任何人故意或疏忽地将超过一项或多项污水标准的污水直接或间接排放到水体中，即为犯罪，一经定罪，处罚款，第二次及以后定罪，可处罚款或监禁，或同时处以罚款和监禁。

2003 年国家颁布了水法。

七、国际合作情况

美国国际开发署（USAID）和水援助组织等非营利组织已经采取措施，以改善斯威士兰的水质量。水援助组织游说斯威士兰政府，确保资金为贫困公民提供水服务，并教育社区了解维护安全水源的简单有效方法。USAID 在学校设立了一些项目，教导学校如何建立和维护适当的卫生系统，为学校提供清洁的饮用水。

苏　丹

一、自然经济概况

（一）自然地理

苏丹全称苏丹共和国（The Republic of the Sudan），位于非洲东北部，红海西岸。北邻埃及，西接利比亚、乍得、中非，南毗南苏丹，东接埃塞俄比亚、厄立特里亚。东北濒临红海，海岸线全长约720km。全国面积188.2万km^2，位居非洲第三。苏丹一个重要的地理特征就是尼罗（Nile）河贯穿其南北，青、白尼罗河流经苏丹在喀土穆交汇，然后蜿蜒北上流入埃及。苏丹境内四周高，中间低，东北面有红海山脉，西部有穆尔山区，南部为努巴山区。

苏丹全国气候差异很大，自北向南由热带沙漠气候向热带雨林气候过渡，最热季节气温可达50℃，全国年平均气温21℃。长年干旱，年平均降雨量不足100mm。苏丹地处生态过渡带，极易遭受旱灾、水灾和沙漠化等气候灾害。

苏丹全国共有18个州，州是最高地方行政区域。首都喀土穆（Khartoum）是全国政治、经济、文化中心，有“世界火炉”之称，年平均气温在30℃以上。其他主要城市有迈达尼、苏丹港、阿特巴拉、欧拜伊德、尼亚拉等。中国外交部数据显示，2020年，苏丹人口总数约4435万人，人均寿命约60岁，14岁以下人口占总人口的45%。分布相对集中，超过1/5分布于喀土穆及周边。其他人口较多的城市有迈达尼、苏丹港、阿特巴拉、达马津等。阿拉伯语为官方语言，英语为通用语言。居民多数信奉伊斯兰教，属逊尼派。

苏丹地处生态过渡带，极易遭受旱灾、水灾和沙漠化等气候

灾害。有一半的国土面积（50.7%）是裸露的岩石和土壤，在极端干旱地区没有植被，遍布着风成沙。苏丹国土面积中树木植被占10%，灌木植被占11.8%，草本植被占13.8%。2019年，苏丹可耕地面积为1982.3万hm^2，永久农作物面积为16.8万hm^2，永久草地和牧场面积为4819.5万hm^2，森林面积为1870.39万hm^2。

（二）经济

苏丹2020年GDP约为325.8亿美元，人均GDP约为734.6美元。苏丹是联合国公布的最不发达的国家之一，经济结构单一，基础薄弱，工业落后。农业是苏丹经济的主要支柱。农业人口占全国总人口的80%。农作物主要有高粱、谷子、玉米和小麦。2019年，苏丹谷物产量为563万t，人均132kg。经济作物在农业生产中占重要地位，占农产品出口额的66%，主要有棉花、花生、芝麻和阿拉伯胶，大多数供出口。长绒棉产量仅次于埃及，居世界第二；花生产量居阿拉伯国家之首，在世界上仅次于美国、印度和阿根廷；芝麻产量在阿拉伯和非洲国家中占第一位，出口量占世界的一半左右；阿拉伯胶种植面积504万hm^2，年均产量约6万t，占世界总产量的60%～80%。苏丹拥有铁、银、铬、铜、锰、金、铝、铅、铀、锌、钨、石棉、石膏、云母、滑石、钻石、石油、天然气和木材等丰富的自然资源。

二、水资源状况

（一）水资源

据联合国粮农组织统计，2018年苏丹境内地表水资源量约为20亿m^3，境内地下水资源量约为30亿m^3，重复计算水资源量约为10亿m^3，境内水资源总量为40亿m^3，人均境内水资源量为95.69m^3/人。2018年苏丹境外流入的实际水资源量为338亿m^3，实际水资源总量为378亿m^3，人均实际水资源量为904.3m^3/人（表1）。

表 1　　苏丹水资源量统计简表

序号	项　　目	单位	数量	备　注
①	境内地表水资源量	亿 m^3	20	
②	境内地下水资源量	亿 m^3	30	
③	境内地表水和地下水重叠资源量	亿 m^3	10	
④	境内水资源总量	亿 m^3	40	④=①+②-③
⑤	境外流入的实际水资源量	亿 m^3	338	
⑥	实际水资源总量	亿 m^3	378	⑥=④+⑤
⑦	人均境内水资源量	m^3/人	95.69	
⑧	人均实际水资源量	m^3/人	904.3	

资料来源：联合国粮农组织统计数据库。表中水资源量均指可再生水资源量。

（二）河川径流

苏丹国内可再生水资源相当有限。降雨的不稳定性及其在短季节的集中使苏丹处于脆弱的境地，特别是在雨养地区。苏丹的地表水主要来源于尼罗河水系和一些其他非河流。尼罗（Nile）河是一条流经非洲东部与北部的河流，自南向北注入地中海，与中非地区的刚果河以及西非地区的尼日尔河并列成为非洲最大的三个河流系统。尼罗河长 6670km，是世界上最长的河流，流域总面积为 325.5 万 km^2，占非洲总面积的 10%。约 43%的尼罗河流域位于苏丹境内，而苏丹国土面积的 72%位于尼罗河流域。

苏丹境内的尼罗河系统包括：发源于埃塞俄比亚高原的青尼罗（Blue Nile）河和阿特巴拉（Atbara）河；起源于大湖高原（Great Lakes Plateau）的马拉卡勒（Malakal）下游白尼罗（White Nile）河系统；位于苏丹西南部的加扎勒河盆地（Bahr El Ghazal Basin）的一小部分。尼罗河系统支流的特点如下。

青尼罗河、阿特巴拉河和塞蒂-特凯泽（Setit - Tekeze）河都是季节性河流，汛期为 7—10 月，径流量最大值在 8—9 月，枯水期为 11 月至次年 6 月。它的流量反映了埃塞俄比亚高地降雨的季节性。青尼罗河及其支流流入苏丹的年平均流量估计为 526 亿 m^3，日流量在 4 月的 1000 万 m^3 至 8 月的 5 亿 m^3 之间

波动；阿特巴拉河流入苏丹的年平均流量为 43.7 亿 m^3，塞蒂-特凯泽河流入苏丹的年平均流量为 76.3 亿 m^3。

白尼罗河从南苏丹进入苏丹，年平均流量约为 340 亿 m^3。在洪水期间，青尼罗河形成了一个天然大坝，阻挡了白尼罗河的水流，从而淹没了汇流处上游的地区。

青尼罗河和白尼罗河交汇处的尼罗河下游河段被称为主尼罗（Main Nile）河，其中有阿特巴拉河汇入。阿斯旺（Aswan）水库上游苏丹—埃及边界的主尼罗河年平均流量估计为 840 亿 m^3，估计每年有 193 亿 m^3 在该国南部的沼泽中蒸发。

除尼罗河河流外，该国主要的河流还有东部的马雷布-加什河和巴拉卡河，这两条河流来自厄立特里亚，特点都是年流量变化大，泥沙负荷大。年平均流量估计为 7 亿 m^3。

（三）地下水

地下水是苏丹超过 80%的人口生活用水和农村牲畜饮用水的主要供水水源，全国大约 50%地区的地下水深度为 40～400m。努比亚（Nubian）砂岩流域是主要的地下水形成流域，总面积为 220 万 km^2，除了来自尼罗河的努比亚尼罗河含水层补给之外，大部分是不可再生的。苏丹在该地区几乎未开发利用地下水源，估计该地下含水层每年有 10 亿 m^3 的地下水从苏丹流出到埃及。

三、水资源开发利用

（一）开发利用与水资源配置

1. 水库

据联合国粮农组织统计，2015 年苏丹的水库总库容为 212.3 亿 m^3，主要包括 5 个大坝水库，但由于水库淤积，实际可用容量减少到约 191.7 亿 m^3。详见表 2。

此外，苏丹还计划修建 4 座水库。在位于尼罗河第三大瀑布上的努比亚湖上游修建卡杰巴尔（Kajbar）水库，将形成水面面积 110km^2 和 36 万 kW 的水力发电站。在尼罗河第二大瀑布上修建坝高为 25～45m 的达尔（Dal）水库，装机容量 34 万～45 万

kW。在尼罗河第五大瀑布上修建谢瑞克（Shereik）水库和在苏丹东部建设灌溉和水电综合体——上阿特巴拉（Upper Atbara）项目。

表 2　　苏丹主要大坝

大坝	河流	设计（目前）库容/亿 m^3	功能	其他
森纳尔（Sennar）	青尼罗河	9.3（3.7）	盖济拉（Gezira）计划的防洪和灌溉，装机容量 1.5 万 kW	建于 1919—1925 年
鲁塞里斯（Roseires）	青尼罗河	30（22）	防洪，灌溉，1979 年装机容量 12 万 kW	坝高 60m，拟加高大坝，增容 40 亿 m^3
杰贝勒奥利亚（Jebel Aulia）	白尼罗河	35（35）	调节年内径流、灌溉	建于 1933—1937 年，阿斯旺大坝建成后，埃及于 1977 年正式移交给苏丹
埃尔吉尔巴（El Girba）	阿特巴拉河	13（6）	防洪、新哈尔（New Halfa）法计划灌溉和水力发电，装机容量 0.7 万 kW	支墩坝高 50m
麦罗维（Merowe）	尼罗河第四大瀑布	125（125）	装机容量 125 万 kW	

资料来源：Food and Agriculture Organization of the United Nations（联合国粮农组织）. AQUASTAT Country profile - Sudan [R]. Rome，Italy：2015.

2. 供用水情况

2017 年，苏丹取水总量为 269.4 亿 m^3，其中农业取水量占 96%，工业取水量占 0%，城市取水量占 4%。人均年取水量为 $660m^3$。苏丹使用的水几乎完全来自地表水资源。地下水仅在非常有限的地区使用（主要用于城市供水），但对当地至关重要。

（二）水力发电

苏丹曾经电力紧张，1986 年电力总装机容量为 46 万 kW，其中水电装机容量 22.5 万 kW；总发电量 10.52 亿 kWh，其中水电 5.17 亿 kWh，约占 49.1%。经过多年发展，尤其是 2010 年麦罗维大坝 10 台机组全部发电后，用电紧张的局面得到极大改善。2020 年，苏丹水电装机容量 192.3 万 kW，位列非洲第九，占全国装机容量的 46%，水力发电量为 7.75 亿 kWh。2019 年底，苏丹分阶段接入埃及电网，同时与埃塞俄比亚探讨电力合作。

苏丹主要水电站有麦罗维水电站、鲁塞里斯水电站、森纳尔水电站等。麦罗维水电站位于尼罗河第四瀑布上，装机容量 125 万 kW。鲁塞里斯水电站，设计装机容量 21 万 kW，已装机 12 万 kW。工程位于青尼罗河上，离苏丹首都喀土穆约 554km，靠近埃塞俄比亚边境。电力主要供首都喀土穆。森纳尔水电站在鲁塞里斯水电站下游的青尼罗河上，装有 2 台 7500kW 机组，共有 1.5 万 kW 装机容量。

（三）灌溉排水与水土保持

1. 灌溉与排水发展情况

苏丹的灌溉潜力估计为 250 万 hm^2。在 2011 年前的苏丹（南苏丹尚未独立）189 万 hm^2 的灌溉用地中，几乎全部位于现苏丹境内。2011 年，苏丹用于灌溉的总面积为 185.19 万 hm^2，其中 172.587 万 hm^2 用于完全控制灌溉（现代和传统灌溉），12.603 万 hm^2 用于间歇灌溉。苏丹主要灌溉计划见表 3。

表 3　　苏丹主要灌溉计划

计划	面积/万 hm^2	灌溉方法	农作物	水　源
盖济拉	88.2	表面（短沟）	高粱＋棉花＋小麦	青尼罗河
腊哈德	24.3	表面（短沟）	高粱＋棉花＋小麦	青尼罗河
新哈尔法	13.365	表面（短沟）	高粱＋棉花＋小麦	阿特巴拉河
甘蔗公司	6.8	表面（长犁沟）	甘蔗＋饲料	白尼罗河、青尼罗河、阿特巴拉河
凯纳娜	3.6	表面（长犁沟）	甘蔗	白尼罗河

续表

计划	面积/万 hm^2	灌溉方法	农作物	水　源
白尼罗河	5.2	表面（长沟）	甘蔗＋饲料	白尼罗河
麦罗维	6.1	表面＋中心枢轴	小麦＋蔬菜＋水果	尼罗河

资料来源：Food and Agriculture Organization of the United Nations（联合国粮农组织）. AQUASTAT Country profile - Sudan [R]. Rome，Italy：2015.

盖济拉计划是苏丹最古老和最大的重力灌溉系统，位于青尼罗河和白尼罗河之间。该计划始于 1925 年，此后逐渐扩大，尤其是马那吉尔工程的扩建。它占地约 8.8 万 hm^2，是世界上单一管理下最大的连续灌溉计划之一。该计划在苏丹经济发展中发挥了重要作用，是外汇收入和政府收入的主要来源，促进了国家粮食安全，并为生活在该计划指挥区的大约 270 万人创造了生计。

20 世纪 70 年代，在石油资源丰富的海湾国家的大量投资下，苏丹在盖济拉对面的河岸上建立了灌溉计划，如从青尼罗河取水的腊哈德计划。大规模灌溉农业从 1956 年的 117 万 hm^2 扩大到 1977 年的 168 万 hm^2 以上。在 20 世纪 90 年代，一些小型计划被许可给私营部门，而总计近 120 万 hm^2 灌溉面积的 4 个战略灌溉计划仍然在政府控制之下，由被称为农业公司的半国营组织管理。此外，还有 4 个主要的政府甘蔗灌溉计划。

2. **灌溉与排水技术**

以前由手动水泵和动物驱动的水轮灌溉，现在几乎全部被小型灌溉泵取代。大规模重力灌溉发展于 1898—1956 年，当时农业政策促进了尼罗河流域的棉花生产。抽水灌溉始于 20 世纪初，取代了传统的漫灌和水车技术。传统灌溉仍然在喀土穆下游主要尼罗河的洪泛区以及白尼罗河、青尼罗河和阿特巴拉河沿岸的大片地区实行。

四、水资源管理

（一）管理体制

苏丹的水资源管理与其他自然资源完全分离，是基于行政单位而不是环境单位，这阻碍了自然资源综合管理和保护。苏丹的水资源管理主要体现在灌溉工程。盖济拉计划在2009—2010年之前一直由政府所有和管理，之后通过小运河委员会引入了用水者参与管理。但政府负责管理青尼罗河上的森纳尔大坝和灌溉系统的上游，半自治的苏丹杰济拉委员会受托对灌溉系统的下游进行纵向一体化管理。这样有效地将灌溉责任转移给了土地所有者和用水者协会，从而将种植决策权下放给了农民，从而在供水系统内实现了种植灵活性。腊哈德计划等也在新的管理之下，而新哈尔法计划预计将紧随其后。

（二）管理机构及其职能

南苏丹独立后，苏丹保留了2011年前苏丹的大多数机构，包括与水有关的机构结构。

联邦一级参与水管理和灌溉发展的主要部委是水资源和电力部，这是灌溉和水资源部与电力和水坝部在2012年合并的机构。它负责制定国家水资源政策，开发和监测水资源，促进水管理，包括灌溉和排水。国家水资源委员会是国家一级的咨询机构。另外农业部和环境、林业和自然发展部也在一定程度上参与水管理事务。

在州一级，由于根据州边界管理所有自然资源，处理水问题的机构很薄弱，因此不足以进行流域或含水层规模的管理。

尼罗河水利用管理委员会由地方政府部、财政经济部、农林部、灌溉和水力发电部、商业和供应部、内政部、司法部、合作和劳动部、工业矿产部部长组成，负责审查和管理尼罗河用水计划，有权发放、修订和废除抽水执照。

五、水法规与水政策

（一）水法规

苏丹联邦一级水管理以及灌溉和排水的法律基础直接继承自2011年前的苏丹。1984年的《民事交易法》将开发和获取水资源的权利与土地权利联系在一起，但需要得到相关水主管部门的许可；1990年的《灌溉和排水法》规定了对尼罗河和地表水的管理权限，特别是发放灌溉和排入地表水的许可证；1995年的

《水资源法》是一项重大的体制改革，涉及尼罗河和非尼罗河地表水以及地下水，因此取代了 1939 年仅用于尼罗河水域的《尼罗河水泵控制法》，它还规定了国家水资源委员会以及任何用水单位都需要许可证；1995 年的《国家水委员会法》，负责水资源规划、协调水资源使用、保护环境，并对水源及其可持续开发进行研究；1998 年的《地下水管理法》授权地下水和水道管理局作为唯一的政府技术机构，开发和监测水道和地下水，并颁发建造供水点的许可证；2008 年的《公共水公司法》授权中央政府在供水部门进行国家规划、研究、开发和投资，以及相应的政策和立法。

（二）水政策

苏丹陆续实施了国家层面的水资源管理政策。2006 年修订了国家水政策草案，确保"可持续和综合管理现有水资源，并承认水是解决冲突的工具"。2008 年开始实施水资源综合管理战略，2010 年《国家供水和卫生政策》明确国家要公平和可持续地利用和提供安全的水和卫生设施。根据《2007—2012 年国家农业复兴方案》，苏丹通过恢复大型灌溉计划来改善水的控制，通过建立一些糖厂来鼓励农产工业的发展，并改善基础设施。还有国家适应行动方案，以农业、水资源和公共卫生为重点，应对气候多变性和气候变化。

水价制度方面，长期以来苏丹的用水价不以用量计算，而是按照每家人口数、面积大小等综合计算，价格固定，用量不限。目前，政府开始在喀土穆安装水表，实行计量征收，水费为 2 苏丹镑/t。

六、国际合作情况

苏丹和埃及于 1929 年和 1959 年分别签署了《尼罗河水协议》和《尼罗河水资源协定》。根据《尼罗河水资源协定》，苏丹每年拥有尼罗河 185 亿 m^3 水资源，该数据在埃及边境的阿斯旺测量所得。这两个协议都没有将其他沿岸国家纳入其中。21 世纪初，尼罗河流域各国发起尼罗河流域倡议，2010 年由埃塞俄

比亚、肯尼亚、乌干达、卢旺达和坦桑尼亚联合共和国5个国家签署新的尼罗河非洲金融共同体《合作框架协定》。2011年前，苏丹最初也拒绝了这一协议，但由于对不平等分享的认识日益提高，新苏丹现在正在考虑签署这一协议，并希望从中受益。

此外，苏丹还与邻国共享7个跨界含水层，但没有共享协议。

坦桑尼亚

一、自然经济概况

（一）自然地理

坦桑尼亚全称坦桑尼亚联合共和国（The United Republic of Tanzania），位于非洲东部、赤道以南。北与肯尼亚和乌干达交界，南与赞比亚、马拉维、莫桑比克接壤，西与卢旺达、布隆迪和刚果（金）为邻，东濒印度洋。领土总面积为94.5万km^2（其中桑给巴尔2657km^2）。大陆海岸线长约840km。

坦桑尼亚由坦噶尼喀（Tanganyika）大陆和桑给巴尔（Zanzibar）岛两部分组成，坦噶尼喀可分为滨海平原和内陆高原两大区。滨海平原大部分宽约16～60km，海拔200m以下，沿岸多红树林。内陆高原区是东非高原的一部分，平均海拔1200m左右。坦桑尼亚大陆地形总体上呈东南低、西北高的阶梯状。沿海为低地，除东部沿海低地外，全境平均海拔在304m以上。

坦桑尼亚东部沿海地区和内陆的部分低地属热带草原气候，西部内陆高原属热带山地气候，大部分地区平均气温21～25℃。桑给巴尔的20多个岛屿属热带海洋性气候，终年湿热，年平均气温26℃。降雨类型分为双峰态分布和单峰态公布。具有双蜂态分布降雨的区域包括维多利亚湖盆地周边省份，东北部高地，沿海及内陆的东北部，双峰态分布降雨区域的特点是有长短两个雨季，短雨季出现于9—12月，总降雨量可达200～500mm，长雨季出现于3—5月，降雨量达300～600mm；双峰态分布降雨区域之外的区域均属单峰态分布降雨区域，降雨时间从11月至次年4月，降雨量达500～1000mm。

坦桑尼亚全国31个省，其中大陆26个，桑给巴尔5个。全

国现有 174 个县，原首都为达累斯萨拉姆（Dar Es Salaam），简称达市（Dar City），在斯瓦希里语中意为“和平之港”。现首都为多多马（Dodoma）。坦桑尼亚现有人口约 5800 万人（2019 年），其中坦桑尼亚大陆 5369 万人，桑给巴尔 220 万人，人口数量在非洲国家中居第六位。城镇人口约占总人口的 33.8%。坦桑尼亚的人口地区分布极不平衡，以中央铁路线为界，南疏北密，多数人生活在北部边境或东部沿海；东北沿海、维多利亚湖沿岸人口密度明显高于内陆地区，特别是港口所在地形成人口密集区；铁路和主要公路沿线地区的人口密度也高于全国平均水平。

坦桑尼亚有 4400 万 hm^2 土地适合农作物生产，只有不到 1/3 的可耕地得到了开发利用；森林和林地面积共 3350 万 hm^2。2019 年，坦桑尼亚可耕地面积为 1350 万 hm^2，永久农作物面积 215 万 hm^2，永久草地和牧场面积 2400 万 hm^2。

（二）经济

坦桑尼亚是联合国宣布的世界最不发达国家之一。2019 年国内生产总值为 611.37 亿美元，人均国内生产总值 1053.98 美元。经济以农业为主，平年粮食勉强自给。工业生产技术低下，日常消费品需进口。

2016 年出台《国家发展规划五年计划（2016—2020）》，将工业经济成型、经济和人力发展整合、创造良好的营商投资环境和加强监管确定为四大优先发展领域。近 10 年，坦桑尼亚经济平均增长率约 7%，在撒哈拉以南非洲名列前茅，制造业、矿业和旅游业发展强劲，外国直接投资存量持续增长。但经济结构单一、基础设施落后、发展资金和人才匮乏等长期阻碍经济发展的问题仍然存在。

二、水资源状况

（一）水资源

2014 年坦桑尼亚境内地表水资源量约为 800 亿 m^3，境内地下水资源总量约为 300 亿 m^3，重复计算水资源量约为 260 亿 m^3，境

内水资源总量为840亿m^3，人均境内水资源量为1570m^3/人。2014年坦桑尼亚境外流入的实际水资源量为122.7亿m^3，实际水资源总量为962.7亿m^3，人均实际水资源量为1800m^3/人（表1）。

表1　　坦桑尼亚水资源量统计简表

序号	项　　目	单位	数量	备　注
①	境内地表水资源量	亿m^3	800	
②	境内地下水资源量	亿m^3	300	
③	境内地表水和地下水重叠资源量	亿m^3	260	
④	境内水资源总量	亿m^3	840	④=①+②-③
⑤	境外流入的实际水资源量	亿m^3	122.7	
⑥	实际水资源总量	亿m^3	962.7	⑥=④+⑤
⑦	人均境内水资源量	m^3/人	1570	
⑧	人均实际水资源量	m^3/人	1800	

资料来源：联合国粮农组织统计数据库。表中水资源量均指可再生水资源量。

（二）水资源分布

基于流域水资源综合管理划分的流域为9个，详见表2。坦桑尼亚的陆地地区海拔很高，河流险峻，有比较丰富的水力发电潜力。据20世纪80年代的估计，坦桑尼亚可开发的水能资源蕴藏量为2080万kW，年发电量为832亿kWh。1998年对全国的水电蕴藏量重新进行了评估，水力发电潜力约470万kW，技术和经济年均可开发量约为33.78亿kWh。

表2　　坦桑尼亚的流域划分

流　域	流域面积/万km^2	汇入水域	备　注
鲁菲吉河	18.19	印度洋	主要河流鲁菲吉河（总长1032km）
坦噶尼喀湖	16.08	大西洋	属刚果河流域，主要河流有马拉加拉西（Malagarasi）（总长474km）

续表

流　域	流域面积/万 km^2	汇入水域	备　注
内流区	14.32	埃亚西湖，巴希（Bahi）洼地等	包括纳特龙湖、埃亚西和曼亚拉及诸多河流
维多利亚湖	11.97	地中海	属尼罗河流域
鲁武马湖及南部沿海	10.57	印度洋	主要河流有鲁武马河（总长800km）
鲁克瓦湖	7.79	大西洋	主要河流有卡武河（Kavuu）、龙瓦河（Rungwa）
鲁武-瓦米（Ruvu-Wami）河	6.71	印度洋	主要河流有瓦米河（总长489km）、鲁武河（总长260km）
潘加尼河	5.46	印度洋	主要河流有潘加尼河（总长500km）
尼亚萨湖	3.39	印度洋	属赞比西河流域

资料来源：[1] Ministry of Water. Tanzania Water Resources Atlas [R]. Dodoma, Tanzania：2019.

[2] Food and Agriculture Organization of the United Nations（联合国粮农组织）. AQUASTAT Country profile - United Republic of Tanzania [R]. Rome, Italy：2016.

（三）河川径流

由于地形特点，坦桑尼亚的河流短小，流量也随季节变化。主要河流为鲁菲吉（Rufiji）河、鲁武布（Rurubu）河和潘加尼（Pangani）河，它们都注入印度洋。坦桑尼亚主要河流特征见表3。其中潘加尼河还是国际河流，坦桑尼亚和肯尼亚分别拥有其95%和5%的份额，并设置有潘加尼河水务委员会和潘加尼盆地水务局作为国际管理机构。此外还有卡盖拉（Kagera）河、玛拉（Mara）河、鲁武马（Ruvuma）河和松圭（Songwe）河等国际河流，都设有相应的国际管理机构。

表 3　　坦桑尼亚主要河流特征值

河流名称	长度/km	流域面积/万 km^2	注入
鲁菲吉河	1054	17.74	印度洋
大鲁阿哈（Great Ruaha）河	475	8.39	鲁菲吉河
乌兰加河（Kilombero）河	85	3.99	鲁菲吉河
卢伟古（Luwegu）河	600	2.65	鲁菲吉河
鲁武布河	402	1.5281	印度洋
潘加尼河	435	2.88	印度洋

资料来源：姜晔，刘爱民，陈瑞剑．坦桑尼亚农业发展现状与中坦农业合作前景分析［J］．世界农业，2015，439（11）：72-77.

（四）天然湖泊

坦桑尼亚湖泊和沼泽占地 540 万 hm^2，占全国的 5.8%。维多利亚（Victoria）湖、坦噶尼喀（Tanganyika）湖和尼亚萨（Nyasa）湖，是坦桑尼亚三大湖，它们构成了与邻国的边界。其他湖泊包括鲁克瓦（Rukwa）湖、埃亚西（Eyasi）湖、曼亚拉（Manyara）湖、纳特龙（Natron）湖、巴兰基达（Balangida）湖。

维多利亚湖位于坦桑尼亚、肯尼亚和乌干达交界处，面积 6 万～8 万 km^2，为世界第二大淡水湖。维多利亚湖在东非大裂谷形成时出现，水源主要是降雨和众多的河流。维多利亚湖海拔 1134m，长 320km，宽 275km，平均水深 40m，55%在坦桑尼亚境内。涉湖国际管理机构有维多利亚湖流域委员会。坦桑尼亚国际湖泊统计见表 4。

表 4　　坦桑尼亚国际湖泊统计简表

湖泊	湖泊面积/km^2	流域	河岸国家及各自份额
维多利亚	68800	尼罗河	肯尼亚（6%）、坦桑尼亚（49%）、乌干达（45%）
坦噶尼喀	32900	刚果河	布隆迪、刚果、坦桑尼亚（41%）、赞比亚

续表

湖泊	湖泊面积/km^2	流域	河岸国家及各自份额
尼亚萨	30800	赞比西（Zambezi）河	马拉维、莫桑比克、坦桑尼亚（18%）
纳特龙	1040	谢贝利-朱巴（Shebelle-Juba）	肯尼亚和坦桑尼亚
吉佩	30	东中海岸	肯尼亚和坦桑尼亚
查拉	4.2	—	肯尼亚和坦桑尼亚

资料来源：联合国粮农组织统计数据库。

坦噶尼喀湖位于坦桑尼亚、刚果（金）、布隆迪和赞比亚四国交界处，处于海拔773m的东非大裂谷地带，是非洲最深的湖、世界第二深湖，长650km，宽40～80km，最深处1470m，面积3.4万km^2，约一半在坦桑尼亚境内。涉湖国际管理机构为坦噶尼喀湖管理局。

尼亚萨湖又称马拉维（Malawi）湖，位于坦桑尼亚、马拉维和莫桑比克交界处，是非洲第三大湖，长580km，宽80km，水深706m，面积3.08万km^2，90%在马拉维境内，5%左右在坦桑尼亚境内。涉湖国际管理机构为赞比西河流域水道委员会。

三、水资源开发利用

（一）水利发展历程

坦桑尼亚的水利开发主要经过三个时代，以水资源供应的性质为特征。最初是1930年左右，坦桑尼亚殖民政府开始引入现代水利技术，发展一些规模灌溉工程和供水系统。接着在1969年年底及之后，已经独立的坦桑尼亚中央政府决定支付所有农村供水项目及城市公共供水亭的运行和维护费用，希望达到“人人享有免费水”的目标，但因坦桑尼亚国情未能实现。在1986年坦桑尼亚开始了制定新的水政策的进程，通过引入农村地区成本分担和城市地区成本完全回收的原则，结束了“免费水时代”。进入新世纪以后，坦桑尼亚水利行业大规模开展能力建设。

（二）开发利用与水资源配置

1. 水库

2009 年，当时的坦桑尼亚水利灌溉部（Ministry of Water and Irrigation）数据显示坦桑尼亚共有水库 633 座，大型水库的总容量约为 1042 亿 m^3，其中 1000 亿 m^3 被认为是通过在乌干达维多利亚湖出口建造欧文瀑布水库创造的坦桑尼亚部分的额外储水量。坦桑尼亚的现有主要水库是姆特拉水库、纽姆巴水库和基达图水库。就高度、坝顶长度和混凝土体积而言，姆特拉水库是全国最大的水库，也是坦桑尼亚最大的人工湖。

水文和地形条件在很大程度上限制了坦桑尼亚的水库建设，2014 年资料显示三座主要水库仍在计划建设当中，分别有多多马的法尔夸（Farkwa）水库，伊林加的卢戈达（Lugoda）水库，莫罗戈罗的基敦达（Kidund）水库等。坦桑尼亚主要水库见表 5。

表 5　　坦桑尼亚主要水库

水库名称	所在河流	竣工年份	坝型	坝高/m	坝顶长/m	水库容积/亿 m^3	目标
神殿（NYM）	潘加尼	1966	土石坝	42	397	11.35	发电、灌溉
基达图（Kidatu）	大鲁阿哈	1975	堆石坝	40	350	1.25	发电
姆特拉（Mtera）	大鲁阿哈	1981	支墩、重力坝	45、20	120、60		
明杜（Mindu）	纳盖雷盖雷	规划	土坝	10	1500	0.13	供水

资料来源：Ministry of Water. Tanzania Water Resources Atlas［R］. Dodoma, Tanzania：2019.

2. 供用水情况

2017 年，坦桑尼亚联合共和国取水总量为 51.9 亿 m^3，其中农业取水量为 89%，工业取水量为 1%，城市取水量为 10%。人均年取水量为 95m^3。

坦桑尼亚的自来水供水情况仍不容乐观，最高覆盖率为达累斯萨拉姆市的68%，其他沿海地区的自来水供应率在19.2%～38.2%，仍有大量人口未能获得自来水供应。

(三) 水力发电

1. 水电装机及发电量情况

坦桑尼亚发电站和输变电建设发展缓慢，目前总体能源获取主要依靠生物能源，占基本能源消耗的88.6%，电力在总能源的占比仅为1.8%。在电力供应中，主要依靠出力不稳定的水电（36%）。

1986年，坦桑尼亚的电力总装机容量为43.9万kW，年发电量8.8亿kWh。水电装机容量和发电量分别占电力总装机容量和发电量的59%和70.5%。截至2019年年底，坦桑尼亚电力装机总容量为171.9万kW，其中水电发电量为58.3万kW，占总发电量的43%。

2. 各类水电站建设概况

坦桑尼亚装机容量超过1000kW、连接到国家电网的7个主要的水力发电厂总计装机56.2万kW，其中有基达图（Kidatu）、基汉西（Kihansi）、姆特拉（Mtera）、新潘加尼（New Pangani），分别装机20.4万kW、18万kW、8万kW、6.8万kW（表6）。以上电站均由坦桑尼亚电力公司（TANESCO）负责运营，该公司于2002年初商业化运作，覆盖全国约98%的电力市场。

近年来，坦桑尼亚政府大力推动电力建设，2017年启动了斯蒂格勒峡水电站项目，后更名为尼雷尔水电站。该水电站位于坦桑尼亚东南部鲁菲吉河上，距坦桑尼亚达累斯萨拉姆约350km，总装机容量211.5万kW。

表6　坦桑尼亚现有水电站

水电站	所在地	调节类型	建成年份	装机容量/万kW	年发电量/亿kWh
姆特拉	基洛洛（Kilolo）区	蓄水式	1988	8	1.67
基达图	基隆贝罗（Kilombero-Morogoro）区	蓄水式	1975	20.4	5.58

续表

水电站	所 在 地	调节类型	建成年份	装机容量/万 kW	年发电量/亿 kWh
黑尔	科罗圭（Korogwe）	径流式	1964	2.1	0.36
基汉西	基隆贝罗-伊林加（Kilombero - Iringa）地区	径流式	2000	18	7.93
新潘加尼	穆赫扎（Muheza）区	径流式	1995	6.8	1.37
纽姆巴亚芒古	姆万加（Mwanga）	蓄水式	1969	0.8	0.22

资料来源：Ministry of Water. Tanzania Water Resources Atlas [R]. Dodoma, Tanzania：2019.

3. 小水电

坦桑尼亚大中型电站电力供应有限，离网小水电站为电源点建立小范围独立电网向附近村民供电是合适的发展方向。坦桑尼亚的小水电潜力包括400多个0.3～10MW的潜在站点，其中已经确认的82个潜在项目累积容量约为162MW。坦桑尼亚电力公司基于小水电发展潜力选择了5个优先发展项目。2021年IRENA估计坦桑尼亚小水电装机容量有1.542万kW。

（四）灌溉排水与水土保持

1. 灌溉与排水发展情况

坦桑尼亚的灌溉历史很短，而且灌溉面积有限。坦桑尼亚1930年开始引进现代灌溉方式，1961年独立后到1969年没有修建大的水坝，1986年灌溉面积只有12.9万hm^2。

根据2002年国家灌溉总计划研究，坦桑尼亚大陆的灌溉潜力估计为212.37万hm^2，而桑给巴尔的灌溉潜力估计为8521hm^2。2013年灌溉工程覆盖总面积为36.35万hm^2，其中完全灌溉控制24.55万hm^2，低洼地11.7万hm^2，引洪灌溉区

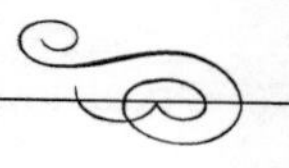

0.1 万 hm^2。收获的灌溉作物面积估计为 33.34 万 hm^2。

2. **灌溉与排水技术**

坦桑尼亚的灌溉类型主要有以下 4 种：5.5 万 hm^2 的大型灌溉计划、11.7 万 hm^2 的传统灌溉计划、19.03 万 hm^2 的改进的传统灌溉计划、0.1 万 hm^2 的大水漫灌计划。大型灌溉计划有完整的灌溉设施，通常由政府或其他外部机构管理。传统灌溉计划由农民自已发起和实施，没有外部机构的干预。改进的传统灌溉计划是传统灌溉计划受到外部机构的干预，例如建造新的引水结构而获得永久性的结构来全面控制灌溉、排水和防洪的灌溉类型。大水漫灌计划是一些使用山洪暴发灌溉的大水漫灌计划的尝试。此外，还有基于雨水收集的计划，雨水被直接收集到有堤岸的小盆地中，或者径流从居民区、小路和短暂的溪流转移到山谷底部的田地中。

3. **水土保持**

在坦桑尼亚大部分地区每年的水流侵蚀在 2～20t/hm^2，部分地区流水侵蚀较为严重。水利部意识到有效用于减少农业区土壤侵蚀的保护措施包括等高线、带状种植、保护性耕作、梯田、缓冲带以及在灌溉区使用聚丙烯酰胺增稠剂等。目前已研究出专门用于河道、林区和建筑工地的水土保持措施，并认为减少侵蚀最有效的方法之一是在土壤表面保持植被或残渣覆盖。

四、水资源保护与可持续发展状况

（一）水污染情况

坦桑尼亚所有工业中约 80%位于城市地区，但没有一个城市或城镇有污水处理设施。加上 80%以上家庭使用的蹲坑厕所和化粪池往往建造不良，导致家庭水井常受到污染，尤其是在雨季更为显著。霍乱和腹泻等与水有关的疾病每年都会暴发。

另外，部分地区地下水当中存在的地质矿物可能加剧地下水污染。坦桑尼亚北部水源中富氟矿物，其产生的氟化物，使得饮用水对人类健康产生严重影响。坦桑尼亚西北部毒砂矿物的氧化也导致砷溶解并释放到地下水中形成污染。

（二）水质评价与监测

目前坦桑尼亚约有415个气象监测站、362个水文监测站和86个水文地质监测站。气象站最早从1912年记录。目前大多监测站尚未实现自动测量，而且对地表水和地下水的水质监测以及含沙量的监测频率较低，目前仍然处于初级阶段。大部分的海岸带水质资料极少，需要开展短期研究来代替长期监测计划。坦桑尼亚目前拟建554个气象监测站、151个水文站和259个水文地质监测站，以完善全国水资源监测网的构建。

（三）水污染治理

坦桑尼亚已经采取了一些措施解决污染问题，提出抑制水污染国家政策，包括主张防治海洋和海岸带海水污染的“国家环境政策”（包括陆基污染源）。相关污水排放的标准已经制定，但是由于执行效果难以保障，实际成效不明显。尤其是农村地区仍然面临着无机污染物和咸水入侵附近地下水的风险。

五、水资源管理

（一）管理体制

坦桑尼亚在20世纪80年代采用了流域管理方法进行水资源管理。根据2009年《水资源管理法》，从国家到地方分五个层面进行管理，依次有国家水资源委员会（NWB）、九个流域水资源委员会（BWBs）、集水区水资源委员会（CWC）、区议会（DCs）和水用户协会（WUAs）。

（二）管理机构及其职能

九个流域水资源委员会等机构都隶属于水利和灌溉部，负责编制水资源综合管理计划，并重新登记2009年《水资源管理法》之前授予的所有水权以及传统水权，以及以前未登记的水权。

流域委员会在2014年仍在组建中。供水和卫生服务，在农村地区由社区所有的供水组织负责，在城市地区由供水和卫生当局负责。水基础设施由地区和乡镇各级水主管部门管理。

水用户协会负责管理地方一级的水资源分配，管理干旱期间

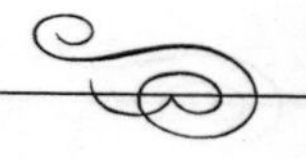

资源的公平分配，调解地方争端。

（三）取水许可制度

坦桑尼亚由流域水委员会审批用水许可证制度，没有许可证的情况下抽取水资源是非法的。《水资源管理法》规定，人人享有平等水权，每个用户都有权申请许可证，条件是在该法生效两年内提出申请。因为流域水委员会人力资源有限，申请审批无法在两年内很好执行。

六、水法规与水政策

（一）水法规

现行主要监管框架是 2009 年第 11 号《水资源管理法》。该法规定，坦桑尼亚大陆的所有水资源归坦桑尼亚联合共和国所有，并通过该国五级水管理引入了更多的参与式管理。同年的《供水和卫生法》组织了供水服务，并设立了国家水投资基金。2013 年《国家灌溉法》颁布，成立了国家灌溉委员会。另外，2004 年《环境管理法》还要求灌溉农业保护土地、地表水和地下水资源以及社区。

由于坦桑尼亚财政管理和执法方面的资金、技能和能力有限，以及特定政治利益的需要，水法的实施并未全面到位。

（二）水政策

1. 水价制度

独立后的坦桑尼亚曾采取过免费水政策，在 20 世纪 80 年代中期，政府又采用了费用分摊制度。在 1991 年通过国家水政策后，人们取水需要向供水机构或流域委员会支付费用，以维持机构和水利设施运行。

2. 水权与水市场

《水资源利用（控制和管理）法》及修正案和相关条例赋予坦桑尼亚所有公民获得水资源的权利，但人们不能拥有水资源的私人所有权。坦桑尼亚的水权目前不可转让，但《国家水政策》建议将水权交易逐步纳入管理体系，作为需求管理和水资源保护

的手段或战略。水权交易制度可能会使得资源贫乏的农民因为短期生存困难而放弃长期取水权，从而引发新的社会问题。

七、国际合作情况

作为 1999 年发起的尼罗河流域倡议成员国，坦桑尼亚与当时的其他九个尼罗河沿岸国家同意加强流域内的合作，于 2011 年签署了新的《尼罗河合作框架协定》，推动流域国家之间的水资源综合管理。

坦桑尼亚和布隆迪、刚果、赞比亚三国于 2003 年通过了《坦噶尼喀湖可持续管理公约》，同年与乌干达、肯尼亚两国达成《维多利亚湖流域可持续发展议定书》，在坦噶尼喀湖和维多利亚湖的开发和保护问题上推动合作。坦桑尼亚还是赞比西河流域水道委员会的成员。

坦桑尼亚参与一些双边协议和机构，例如与马拉维联合常设合作委员会，共同实施一个稳定松圭河河道的项目，持续推进《松圭河流域开发计划》。

突 尼 斯

一、自然经济概况

（一）自然地理

突尼斯全称突尼斯共和国（The Republic of Tunisia），位于非洲北端。西与阿尔及利亚为邻，东南与利比亚接壤，北、东临地中海，隔突尼斯海峡与意大利相望，海岸线全长1300km，国土面积16.2万km^2。

突尼斯北部属地中海型气候，夏季炎热干燥，冬季温和多雨。南部属热带沙漠气候。8月为最热月，日平均气温21～33℃；1月为最冷月，日平均气温6～14℃。

突尼斯全国划分为24个省，下设264个行政区，350个市。全国主要城市有：斯法克斯（Sfax）、苏斯（Sousse）、加夫萨（Gafsa）、加贝斯（Gabés）、比塞大（Bizerte）、莫纳斯蒂尔（Monastir）、纳布尔（Nabeul）和凯鲁万（Kairouan）。首都突尼斯市（Tunis），人口约260万人，是全国的政治、经济、文化中心。

2019年，突尼斯人口为1169.47万人，人口密度为74.4人/km^2，城市化率69.3%。突尼斯90%以上为阿拉伯人，其余为柏柏尔人。阿拉伯语为国语，通用法语。伊斯兰教为国教，主要是逊尼派，少数人信奉天主教、犹太教。

2019年，突尼斯可耕地面积为260.7万hm^2，永久农作物面积为238.6万hm^2，永久草地和牧场面积为475万hm^2，森林面积为69.97万hm^2。

（二）经济

突尼斯属于中低收入国家之一。突尼斯经济中工业、农业、服务业并重。工业以磷酸盐开采、加工及纺织业为主。由于盐碱化、沙漠化等因素，突尼斯每年约有2万hm^2耕地流失。2015年实现粮食生产自给自足，并有盈余用于出口。突尼斯是橄榄油主要生产国之一，橄榄油产量占世界橄榄油总产量的4%～9%，是突尼斯主要的出口创汇农产品。突尼斯旅游业较发达，在国民经济中占重要地位，是突尼斯第一大外汇来源。全国约800家旅馆拥有23万张床位，居非洲和阿拉伯国家前列。直接或间接从事旅游业人员达35万人，约占全国人口的3.6%，解决了12%的劳动力就业问题。旅游设施主要分布在东部沿海地带，有五大旅游中心，苏斯“康达维”中心是全国最大的旅游基地。突尼斯市、苏斯、莫纳斯提尔、崩角和杰尔巴岛是著名的旅游区。

2019年，突尼斯GDP为387.97亿美元，人均GDP为3317.51美元。GDP构成中，农业增加值占11%，矿业制造业公用事业增加值占20%，建筑业增加值占4%，运输存储与通信增加值占11%，批发零售业餐饮与住宿增加值占15%，其他活动增加值占39%。

2019年，突尼斯谷物产量为242万t，人均207kg。

二、水资源状况

（一）水资源

1. 水资源量

2017年突尼斯平均降雨量为207mm，折合水量338.7亿m^3。2017年，突尼斯境内地表水资源量和地下水资源量分别为31亿m^3和14.95亿m^3，扣除重复计算水资源量（4亿m^3），境内水资源总量为41.95亿m^3。人均境内水资源量为366.9m^3/人。2017年突尼斯境外流入的实际水资源量为4.2亿m^3，实际水资源总量为46.15亿m^3，人均实际水资源量为403.6m^3/人（表1）。

表1　突尼斯水资源量统计简表

序号	项　目	单位	数量	备　注
①	境内地表水资源量	亿m^3	31	
②	境内地下水资源量	亿m^3	14.95	

续表

序号	项　目	单位	数量	备　注
③	境内地表水和地下水重叠资源量	亿 m^3	4	
④	境内水资源总量	亿 m^3	41.95	④=①+②-③
⑤	境外流入的实际水资源量	亿 m^3	4.2	
⑥	实际水资源总量	亿 m^3	46.15	⑥=④+⑤
⑦	人均境内水资源量	m^3/人	366.9	
⑧	人均实际水资源量	m^3/人	403.6	

资料来源：联合国粮农组织统计数据库。表中水资源量均指可再生水资源量。

2. **分区分布**

突尼斯水资源在全国分布不均，北部地区约占60%，中部地区占18%，南部地区22%。81.2%的地表水资源集中在突尼斯北部17%的土地上。地下水资源大部分分布在突尼斯南部地区，其中有化石水的深层含水层的地下水资源为5900万 m^3，占总量的59.7%。突尼斯中部地区水资源最为匮乏。

3. **河流和湖泊**

突尼斯境内水系不发达，各河流流量变化都极大，大部分河流都是季节性河流，年内大部分期间是干涸的。突尼斯最大河流迈杰尔达（Oued Medjerda）河发源于阿尔及利亚，全长450km，其中373km在突尼斯境内，入海口平均年径流量为10亿 m^3，但年际变化很大，在3.2亿～18亿 m^3。迈杰尔达河流域面积约2.4万 km^2，突尼斯境内约1.6万 km^2。突尼斯北部海岸及涅夫扎-伊什格尔湖流域的水资源总量为8.6亿 m^3，仅次于迈杰尔达河流域。主要河流情况参见表2。

（二）水能资源

根据1993年统计，突尼斯理论水电总蕴藏量为10亿kWh/年，技术可开发量为2.5亿kWh/年，经济可开发量为1.6亿kWh/年。约50%的技术可开发量得以开发。

表 2　　突尼斯境内主要河流情况

名　　称	年径流量 /亿 m^3	流域面积 /km^2	境内长度 /km
迈杰尔达（Medjerda）河	10.0	22000	450
涅夫扎-伊什格尔湖（Nefza - ichkeul）流域	8.6	4865	—
东北部地区河流	2.3	7410	—
中部地区河流	1.9	14400	—
苏塞河斯法克斯省（Sahel Sousse and Sfax）河流	0.6	13270	—
中南部地区河流	1.2	17730	—
南部地区河流	1.2	32315	—
总计（在突尼斯境内）	25.8	106000	—

三、水资源开发利用

（一）水利发展历程

突尼斯政府有步骤地开发水资源，以满足城市用水、防洪和灌溉的要求，曾邀请意大利、法国、联邦德国等国协助制定北部和南部的规划和大型水利工程的勘测设计。突尼斯政府自 1956 年独立以来，通过建设水坝、水库、输水管道、防御工程等，为调度水资源做出了巨大努力。1958 年之后引入了现代灌溉，为迈杰尔达河谷（3 万 hm^2）周边建立了蓄水基础设施和运河网络。1960 年之前，灌溉面积达 6 万 hm^2。到 2012 年，已增加到 42 万 hm^2，占总耕地面积的 8%。这种扩张是由于抽水设备、分配管道和更经济的灌溉技术方面的技术进步引起的。除此之外，为实施 2021—2025 年的能源控制措施，突尼斯政府在斯法克斯和托泽尔的海水淡化厂分别建设容量为 10MW 和 3MW 的光伏项目。

（二）开发利用与水资源配置

1. 水库

突尼斯水库总库容从 1975 年的 6.8 亿 m^3 增加到 2017 年的 26.9 亿 m^3，年均增长 20.11%。人均水库容量近年来大幅波动，但 1975—2017 年趋于增加，2017 年达到 235.4m^3。

根据 2015 年文献资料，突尼斯运行中的水库（不小于 15m）有 17 座，其中土石坝为 13 座，混凝土坝为 4 座。

2. 供用水情况

2017 年，突尼斯取水总量为 48.8 亿 m^3，其中农业取水量占 77%，工业取水量占 20%，城市取水量占 3%。人均年取水量为 426m^3。2017 年，突尼斯 97.7%的人口实现了饮水安全，其中城市地区和农村地区分别为 100%和 93.2%。

（三）水力发电

1. 水电装机及发电量情况

截至 2014 年，突尼斯总装机容量为 430.7 万 kW。突尼斯的电网发电量从 1999 年的 94.1 亿 kWh 增加到 2018 年的 195.2 亿 kWh，年均增长 3.95%。2018 年，突尼斯拥有水电总装机容量 6.6 万 kW，占非洲总装机容量的 0.2%。在 2000—2019 年期间，突尼斯的水电网络发电量趋于下降，2018 年水力发电量为 0.2 亿 kWh，2019 年水力发电量为 0.7 亿 kWh，仅占突尼斯总发电量的 0.1%。

2. 水电站建设概况

突尼斯最大的水电站是位于迈杰尔达河上的西迪-萨拉姆水电站，装机容量 3.6 万 kW，1981 年建成。突尼斯运行中的小微型水电站有 8 座，年发电量为 6000 万 kWh。主要水电站见表 3。

（四）灌溉情况

突尼斯的灌区主要分布在迈杰尔达河流域和邦角。突尼斯南部只有一些绿洲有农业。突尼斯发展灌溉的主要问题是水资源不足，水的含盐量较大。

表 3　　　　突尼斯主要水电站的统计简表

水电站名称	装机容量 /kW	水头 /m	流量 /（m^3/s）	机组台数
苯麦迪尔	10500	153.0/26.6	6.0	2
湟别尔	13500	53.7	25.0	2
阿鲁西亚（Aroussia）	4900	11.0	51.0	2
卡塞布（Kasseb）	700	55	1.24	1
西迪萨拉姆	36000	40	100	1

据联合国粮农组织资料显示，2017 年，突尼斯有效灌溉面积为 48.7 万 hm^2，实际灌溉面积为 40.5 万 hm^2，实际灌溉比例为 83%。依靠地表水的灌溉面积为 17.5 万 hm^2，地下水的灌溉面积为 27.2 万 hm^2。

（五）洪水管理

突尼斯洪水主要发生在北部。麦杰尔达河于 9 月至次年 3 月的雨季常出现洪水。在中部地区，泽鲁德河流域有时也发生洪水。如 1969 年秋季，3 天内 24h 最大降雨量达 240mm，3 天洪水量达 11.7 亿 m^3，将凯鲁万城围淹数日，这次水灾也是突尼斯历史上最严重的一次水灾。2018 年，突尼斯遭遇强降雨和洪水侵袭，造成纳布勒省的居民家中被淹，大量农田遭到破坏，部分地区的交通被洪水阻断，无法通行。不论是城市还是乡村的道路，都有不同程度的损坏。突尼斯已建和在建水库中，9 座有防洪效益。

四、水资源管理体制、机构及其职能

突尼斯农业、水利和渔业部（Ministry of Agriculture，Water Resources and Fisheries）是水资源管理的主要机构，下设有水资源总局、农村工程和水资源开发总局、大坝和水利工程部总局等部门，主要负责公共领域的管理、水资源的动员和开发、水资源管理项目和农业取水以及为家庭和其他用途提供水资源。

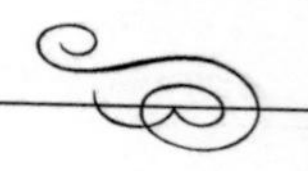

五、水法规与水政策

面对连年的干旱，突尼斯政府把保护水资源作为重要国策，制定和实施了一系列的相关措施。

首先是大力宣传节约用水。突尼斯新的《水法》明确指出，水是国家财产，每个国民都必须珍惜。政府和执政党宪政民主联盟利用各种集会反复宣传节水的重要性，各地相继举办节水宣传日，并组织宣传车走街串巷，使节水观念逐步深入人心。

其次是大力兴修蓄水设施。突尼斯政府不仅特别重视在高原和丘陵地带修建蓄水坝，而且还在城镇郊区修建大型蓄水池，并鼓励农民修建蓄水井。据报道，从 1995 年以来，政府用于兴修水利的投资已接近 20 亿美元，这些水利设施每年可蓄水 39 亿 m^3，约占全国地面水资源的 97%。

再次采取节水措施，奖励节约，惩罚浪费。在突尼斯，每年农业用水占全国用水总量的 80%左右。为了减少灌溉用水的流失，突尼斯农业部已决定每年更新 2.5 万 hm^2 农田的喷灌设备。对于工业、旅游业和其他行业的负责人以及城镇居民，政府要求他们定期检查供水设备以免浪费，并鼓励他们采取节水措施。如突尼斯的穆拉迪旅店集团等三家用水大户由于节水表现突出而被授予“节水奖”。穆拉迪旅店集团 6 年来投资约 40 万美元，修建海水淡化装置，使旅店内部的饮用水自给率达到 90%。与此同时，对疏于管理、严重浪费水的单位，处以最高达 1 万第纳尔（1 美元约合 1.43 第纳尔）的罚款。

最后是修建污水处理装置，争取最大限度地变废为宝。突尼斯至今已建成 66 个污水处理站，每年可处理污水 1.2 亿 m^3，计划 5 年内再建 17 个污水处理站，使全国的污水再利用率达到 60%。目前，至少 20%经过净化的污水用于农田和牧场的灌溉，部分缓解了因干旱造成的困难。

六、国际合作情况

突尼斯政府对全国所有较大河流和水利工程，均投入大量资

金，聘请外国专家进行水资源开发的规划和水利工程的设计。

中、突两国政府于 1972 年 8 月 27 日签订了经济技术合作协定，1974 年 7 月 14 日签订了“关于实施中、突两国经济技术合作协定的执行协议”。根据协议，中国援助突尼斯建设麦热尔德—崩角水渠工程，这是由河北水利水电勘测设计研究院负责规划设计及施工现场设代全过程的一项大型工程。它起自突尼斯北部的麦热尔德河，终于崩角腹地，全长 120km，沿线经过艾勒巴当、贝家洼、哈马马里夫等十余个重要城镇，并环绕突尼斯市的西南和东部。1979 年 8 月 15 日，麦热尔德—崩角水渠正式开工，1984 年 5 月 21 日，全线正式通水。这条水渠改变了突尼斯的经济，特别是农业的面貌。突尼斯政界一致认为麦热尔德—崩角水渠是实现西水东调愿望的宏伟建设，是中突真诚互助和有效合作的友谊象征。

突尼斯将改造 10 座饱和或接近饱和的污水处理厂，该项目正在 2020 年 6 月 24 日地中海（Med Programme）计划框架内实施。联合国环境规划署（UNEP）地中海行动计划相关负责人表示，确保在 2045 年之前，每个工厂都有足够的能力处理所有城市、农村和工业废水。

乌 干 达

一、自然经济概况

（一）自然地理

乌干达全称乌干达共和国（The Republic of Uganda），位于非洲东部，靠近非洲大陆中心，是横跨赤道的内陆国家。乌干达北接南苏丹，东连肯尼亚，西邻刚果（金），西南与卢旺达接壤，南与坦桑尼亚交界。国土面积 24.15 万 km^2，其中陆地面积 19.98 万 km^2，水面和沼泽地 4.17 万 km^2。全境湖泊、沼泽面积占 17.3%，素有“东非高原水乡”之称，拥有非洲最大、世界第二大淡水湖维多利亚湖近一半的水域。大部分地区是非洲大陆内陆高原的一部分，海拔在 900～1500m，平均海拔为 1200m。

乌干达属热带草原性气候，年平均气温 22℃，气候温和，年平均降雨量 1200mm，雨水充沛，植被茂密，被誉为“非洲明珠”。乌干达温度全年变化不大，大部分地区的最高气温为 25～31℃。全国约有 70%的地区出现双峰降雨，大小雨季分别在 4—5 月和 10—11 月，其余为两个旱季。从南到北气候从潮湿到干旱。

截至 2021 年 3 月，乌干达分一个首都市和 135 个区。首都坎帕拉（Kampala）是全国政治、经济和文化中心，面积 $238km^2$，分 5 个区，人口约 166 万人，产业主要包括通信、食品加工、烟草、化工、木材、塑料和皮革制品。据乌干达统计局数据，2019 年乌干达人口约 4030 万，首都坎帕拉周边及西南部人口较为密集，东北部人口分布相对分散。乌干达是一个多民族聚居的国家，班图族群占总人口的 2/3 以上，包括巴干达、巴尼安

科莱等20个民族。官方语言为英语和斯瓦希里语。

2012年，乌干达59%的土地为农业用地，约为1426万hm^2。永久畜牧面积为511万hm^2，耕地面积为915万hm^2，其中永久作物耕地为225万hm^2，临时作物耕地为690万hm^2。

（二）经济

乌干达是东非共同体、东南非共同市场等区域组织成员。政府欲通过社会经济改革，在2040年实现从低收入农业国发展为中等收入国家的发展目标。2018—2019财政年度，乌干达经济增长向好，增长率为6.5%，GDP为347.5亿美元，人均GDP为891美元（2019年，乌统计局重置GDP基年等并公布新口径下的数值）。

乌干达经济基础薄弱，结构单一。农业是乌干达吸纳就业人数最多的行业，但生产力落后，亟须引进先进农业生产技术和设备，以提高产量和生产效率。工业处于起步发展阶段，以制造业和建筑业为主。服务业占GDP比重较大，以贸易、旅游、修理、教育为主。2018—2019财年三大产业对GDP贡献率分别为农业21.9%、工业27.1%和服务业43.3%（其余属产品税收）。

二、水资源状况

（一）降雨量和蒸发量

据联合国粮农组织统计，2018年乌干达境内地表水资源量约为390亿m^3，境内地下水资源总量约为290亿m^3，重复计算水资源量约为290亿m^3，境内水资源总量为390亿m^3，人均境内水资源量为912.7m^3/人。2018年乌干达境外流入的实际水资源量为211亿m^3，实际水资源总量为601亿m^3，人均实际水资源量为1407m^3/人（表1）。

表1　乌干达水资源量统计简表

序号	项　目	单位	数量	备　注
①	境内地表水资源量	亿m^3	390	
②	境内地下水资源量	亿m^3	290	

续表

序号	项　目	单位	数量	备　注
③	境内地表水和地下水重叠资源量	亿 m^3	290	
④	境内水资源总量	亿 m^3	390	④=①+②-③
⑤	境外流入的实际水资源量	亿 m^3	211	
⑥	实际水资源总量	亿 m^3	601	⑥=④+⑤
⑦	人均境内水资源量	m^3/人	912.7	
⑧	人均实际水资源量	m^3/人	1407	

资料来源：联合国粮农组织统计数据库。表中水资源量均指可再生水资源量。

（二）河川径流

乌干达境内河流纵横，属尼罗河上游流域。尼罗河有白尼罗（White Nile）河和青尼罗（Blue Nile）河两大支流。白尼罗河最长，为尼罗河上游段，从位于布隆迪的源头至乌干达与苏丹接壤处的尼木累为止。白尼罗河上段为维多利亚尼罗（Victoria Nile）河，下段为艾伯特尼罗（Albert Nile）河。

尼罗河上游从源自布隆迪的鲁武武（Ruvuvu）河开始，与支流汇合后向北注入乌干达东南的维多利亚湖，再由维多利亚湖北端的金贾（Jinja）附近溢出，经欧文瀑布（Owen Falls）向北出流，经过乌干达中部的基奥加（Kyoga）湖和西北部的艾伯特湖流向北部边界尼木累。从维多利亚湖到艾伯特湖之间的主河流称为维多利亚尼罗河，从艾伯特湖到尼木累之间的主河流称为艾伯特尼罗河。

此外，卡通加（Katonga）河连通维多利亚湖与乌干达西南部的乔治（George）湖、卡津加（Kazinga）水道连通乔治湖和西南边界的爱德华（Edward）湖、塞姆里基（Semliki）河连通爱德华湖和艾伯特湖，它们成为尼罗河水系重要的组成部分。维多利亚尼罗河、艾伯特尼罗河、卡通加河、塞姆里基河分别长426km、257km、220km、210km。

（三）地下水

乌干达的生产性含水层主要位于结晶基底岩石上的风化基岩

层，以及基底的断层和裂缝中。在山区，含水层出现在火山地层中，地下水往往以泉水的形式出现。全国地下水入渗补给量差别较大，从爱德华流域的 39.9mm 减少到基德珀（Kidepo）流域的 6.3mm。

（四）天然湖泊

乌干达湖泊星罗棋布，全国大小湖泊有 165 个。维多利亚湖亦称尼安扎（Nyanza）湖，当地语意为“大湖”，是非洲最大的湖泊和尼罗河的主要源头，世界第二大淡水湖，为肯尼亚、坦桑尼亚和乌干达三国拥有。湖水唯一出口处是北岸的维多利亚尼罗河。维多利亚尼罗河在那里形成瀑布，排水量达 $600m^3/s$。1954 年殖民政府在瀑布处修建了欧文水坝，为乌干达和邻国提供了大量电力。乌干达主要湖泊特征值见表 2。

表 2　　乌干达主要湖泊特征值

湖　泊	水域面积 /km^2	最大深度 /m	海拔 /m	所在地区
维多利亚湖	68890	82	1134	东非大裂谷区
艾伯特湖	5659	56	615	东非大裂谷西部分支艾伯丁裂谷里
爱德华湖	2324	117	912	东非大裂谷西部分支艾伯丁裂谷里
基奥加（Kyoga）湖	1720	5.7	914	乌干达和肯尼亚交界处的埃尔贡山地区
乔治湖	250	2.4	914	东非大裂谷的西部
夸尼亚（Kwania）湖	540	5.4	1033	东非大裂谷的中部
瓦马拉（Wamala）湖	250	9	1290	米特亚纳区
比西纳（Bisina）湖	约 270（随季节变化）	6（雨季）	1030	拉姆萨尔湿地

资料来源：魏翠萍．列国志：乌干达［M］．北京：社会科学文献出版社，2012.

三、水资源分布

（一）分区分布

2011 年，水资源管理局根据水资源综合管理框架，将乌干达划分为基奥加、上尼罗（Upper Nile）、艾伯特和维多利亚 4 个水管理区，水管理区再划分流域。这些水管理区的水系相互连通，构成尼罗河流域的乌干达部分，占尼罗河流域的 8%。除了与肯尼亚边界 $5849km^2$ 的边缘地区属于裂谷盆地，乌干达 98% 的国家总面积属于尼罗河流域。乌干达尼罗河流域按水文可划分为 8 个子流域，乌干达八大流域基本信息见表 3。

表 3　　乌干达八大流域基本信息

流　域	面积 /km^2	降雨 /mm	径流 /mm	实际蒸发量 /mm	潜在蒸发量 /mm	径流系数	径流量 /亿 m^3
维多利亚湖	33218	1138	51	1087	1368	0.04	16.8
基奥加湖	54395	1132	43	1089	1701	0.04	23.2
维多利亚尼罗河	27960	1253	52	1202	1547	0.04	14.4
爱德华湖	17976	1153	249	905	1273	0.22	44.7
艾伯特湖	14772	1252	196	1056	1434	0.16	28.9
阿丘瓦	27637	1212	64	1148	1715	0.05	17.7
艾伯特尼罗河	20728	1274	22	1252	1572	0.02	4.5
基德珀	3228	1112	64		1750		2.1
其他	5716	64					3.6

资料来源：魏翠萍．列国志：乌干达［M］．北京：社会科学文献出版社，2012.

（二）国际河流

乌干达与邻国的国际河流和湖泊较多。国际河流主要有白尼罗河（艾伯特尼罗河从尼木累流入南苏丹）、阿丘瓦河［白尼罗河支流，北部流入南苏丹后汇入白尼罗河，进入南苏丹后称阿斯瓦（Aswa）河］、塞姆里基河（约有 70km 为乌干达与刚果（金）的界河）。国际湖泊主要有维多利亚湖、艾伯特湖、爱德华

湖，乌干达分别占有 45%、50%、27%。

四、水资源开发利用

（一）开发利用与水资源配置

1. 水库

乌干达主要水库是欧文瀑布（Owen Falls）水库，位于维多利亚湖的出口处，于 1954 年由殖民政府主持建成。维多利亚湖是一个天然湖泊，但由于欧文瀑布水库的建成，维多利亚湖增加了 2000 亿 m^3 额外库容。按照湖泊占有面积比例计算，乌干达拥有 40%的水库蓄水库容，即 800 亿 m^3。

此外，乌干达有 1000 多座水库，用于水产养殖和牲畜饮水。2013 年累积库容为 2750 万 m^3，包括应纳入昂戈姆灌溉计划的昂戈姆水库和奥瓦米里水库，库容分别为 25 万 m^3 和 12.5 万 m^3。政府实施定期方案，修建额外的水坝和山谷蓄水池，并增加农业生产用水能力。

2. 供用水情况

2009 年乌干达国家总供水量为 4.17 亿 m^3。其中，地表水和地下水工程供水量分别为 3.35 亿和 0.82 亿 m^3，占总供水量的 80.32%和 19.68%。其中，城市生活用水、农村生活用水、工业用水、灌溉用水、畜牧业用水量分别为 0.66 亿 m^3、0.82 亿 m^3、0.33 亿 m^3、0.24 亿 m^3、2.2 亿 m^3，占总用水量的 15.8%、19.7%、7.8%、5.8%、50.9%。

乌干达尽管水资源相当丰富，但缺少水利工程，现有供水工程保证率低。截至 2020 年 6 月，农村地区的全国安全用水率为 68%，城市地区使用改良饮用水源的人口比为 70.5%。全国除重点城市外，大部分地区设集中供水点供水。同时，大部分地区缺少水处理设施，城乡居民长期饮用氟、砷超标水和苦咸水等劣质水，身体健康受到严重威胁。

（二）洪水管理

从 1988—2018 年的 30 年间，乌干达分别因河流洪水和干旱损失了 417.1 万美元和 160 万美元。为应对洪涝灾害，在德国红十字会的支持下，乌干达红十字会在乌干达东北部试行基于预测的融资方法。这种方法包括在预报发布后、灾害发生前，为备灾行动拨付资金，用以加强当地预警系统，并减少经常肆虐该地区的洪水的影响。试行地区使用欧盟委员会天气预报中心的全球洪水预警系统来预测洪水。乌干达红十字会将继续修订该试点项目的标准作业程序并努力吸引外部投资，争取国家一级的支持，并在国家以下一级继续推广。

（三）水力发电

1. 水电开发情况

乌干达水电资源丰富，乌干达政府积极开发水电资源并完善电网建设。2018 年乌干达国家电网有 24 家发电厂运行发电，总发电量为 40.845 亿 kWh。其中包括 3 座大型水电站、9 座小型水电站。2019 年乌干达电网装机容量为 125.3 万 kW，发电量为 44.11 亿 kWh，用电量为 42.25 亿 kWh。从技术上看，89%的电力供应来自水电站。2020 年，乌干达水电装机容量为 104 万 kW，水力发电量为 40.3 亿 kWh。若按乌干达水电潜力 250 万～300 万 kW 估算，水电开发程度为 33%～40%。

2. 各类水电站建设概况

欧文瀑布大坝于 1954 年建成，为纳卢巴莱（Nalubaale）水电站服务。该电站是乌干达第一座水电站，于 1964 年修建和完工，并由此成立了乌干达电力委员会。电站原装机容量 15 万 kW，有 10 台单机 1.5 万 kW 的转桨式发电机组。1998 年各机组扩容至 1.8 万 kW，水电装机容量扩容为 18 万 kW。随后 1999 年基拉（Kiira）水电站（原欧文瀑布扩建工程）的建成又使水电装机容量扩大了 20 万 kW。该电站位于纳鲁巴莱电站东北约 1km，为引水式发电。

布加加里（Bujagali）水电站是乌干达政府和布加加里能源有限公司的公私合营项目，于 2012 年竣工，位于维多利亚湖以北约 8km 的金贾（Jinja）附近。电站安装 5 台 5 万 kW 的转桨式发电机组。大坝为土石坝，坝高 30m，水库容量为 5400 万 m^3。

伊辛巴（Isimba）电站位于布加加里电站下游 40km 处，首

都坎帕拉（Kampala）东北方向约 90km 的卡容加地区，河床式开发，装机容量为 18.3 万 kW，平均年发电量 10.39 亿 kWh，总库容 1.71 亿 m^3。2019 年并网发电。

截至 2022 年 7 月，卡鲁玛（Karuma）水电站仍在维多利亚尼罗河上建设，一旦建成，将是全国最大的水电站。卡鲁玛水电站装有 6 台 10 万 kW 机组，年平均发电量约 43.09 亿 kWh。由中国水电集团国际公司委托水电八局和水电十二局组建 812 联营体方式负责项目施工，2020 年 11 月已进入收尾阶段，约 98%工程完工。

此外，乌干达还有装机容量 53 万 kW 的阿亚戈-尼罗（Ayago－Nile）水电站、装机容量 40 万 kW 的阿里安加（Arianga）水电站在计划当中。

3. 小水电

乌干达为促进小水电开发做出了许多努力，确定了多个开发站址。它们之中的多个项目已经完工并投运。目前，乌干达电力发电公司正在建设尼亚加卡 3 电站和穆济济（Muzizi）电站，其他站址已获开发许可。2014—2020 年新增小水电装机容量见表 4。

表 4　　乌干达 2014—2020 年新增小水电装机容量

年份	2014	2017	2018	2019	2020
新增小水电装机容量/万 kW	0.35	1.8	3.74	3.53	0.65

（四）灌溉

乌干达潜在灌溉面积估计为 40 万 hm^2，2015 已开发灌溉 1.44 万 hm^2。据 2012 年统计数据，已开发灌溉面积中，完全灌溉控制为 0.87 万 hm^2，低洼地灌溉为 0.24 万 hm^2。其中地面灌溉为 6300hm^2，喷灌为 2200hm^2，局部灌溉为 230hm^2。还有 5.34 万 hm^2 非正式灌溉面积是未配有灌溉设施的开垦湿地和内陆谷地。

乌干达的灌溉计划按所有权分类包括公共计划、社区计划、

私人商业计划和私人小规模计划四类。公共灌溉于 20 世纪 60 年代开始发展，归政府所有，日常运作由政府管理或委托给农民合作社或用水者协会，受益者支付灌溉服务费。

五、水资源保护与可持续发展状况

（一）水资源及水生态环境保护

随着人口密度的增加，对农业、定居点和工业设施用地需求的扩大，乌干达水源地逐渐受到破坏。开垦农场的灌木植被更容易发生水分的快速流失、土壤侵蚀和水资源短缺。乌干达尽管大部分地区年降雨量很高，平均 1200mm/年，但旱季缺水现象越来越普遍。

乌干达水利环境部制定了水源保护指南，面向国家和地区层面的水基础设施管理者和相关政府官员，分五卷分别指导建立水源保护框架和管道供水系统、点源供水系统、多用途水库、水力发电厂的水源保护措施。受保护水体的累计储存量从 2018/2019 财年的 4112.4 万 m^3 增加到 4200 万 m^3。

（二）水污染及治理

乌干达城市化、工业化进程加快，但污水处理设施不完备，大部分污水未经处理或未达标就直接排入河道，造成水污染和水体富营养化程度加剧，河流、湖泊、湿地均受到不同程度的污染。2012 年，全国 17 个城市的居民只有 2%接入污水处理网络。乌干达现有布的戈洛比和鲁比吉（Lubigi）两个污水处理厂，均在首都坎帕拉，处理能力为 1.5 万 m^3/天和 5400m^3/天。另外有纳吉伍伯（Nakivubo）处理厂正在建设，基纳瓦塔卡（Kinawataka）和纳鲁科隆果（Nalukolongo）处理厂正在计划当中。一旦建成，它们将能够处理坎帕拉 30%的废水。

同时，水环境监管和水资源保护工作的薄弱进一步增加了水环境治理的难度。2019—2020 年度，乌干达共监测了制革厂等行业的 151 个废水排放设施，平均合规率为 30%，与前一年的 28%相比略有改善。地表水、地下水和废水排放许可条件的平均合规率从 2018/2019 财年的 73%上升至 77.6%。这一年度农村水源的水安全合规性从2008财年的64%提高到67%；但小城镇的大肠杆菌符合率从2018/2019财年的96%下降为94%。

六、水资源管理

（一）管理体制

乌干达的水资源管理体制框架由国家、区域、地方三级组成。国家级机构由水利环境部牵头，其他国家级部门参与。区域级的机构包括4个水管理区，再分别进一步划分为流域、次流域和微流域等较小单元的机构。地方级政府部门则负责当地具体水务。

（二）管理机构及其职能

水利环境部是制定国家水利卫生政策和水资源开发标准，协调和监管相关事务活动以及部门的牵头机构。其由水资源管理局（WRMA）、水发展局和环境事务局组成。水利环境部还有3个半自主机构，即负责大城镇城市供水和污水处理的国家供水和污水处理公司，负责环境管理的国家环境管理局，负责政府中央森林保护区林业管理的国家林业局。

区域级机构有负责规划、水质和水量监测和评估、水量分配和调节的水管理区，有为水管理区提供咨询和建议的水管理区咨询委员会，有负责设计建造运营维护相关设施的水利卫生设施发展机构，有为政府提供各种技术支持的技术支持单位，有为地方水务局等提供可持续管道供水服务的水保护伞组织（Umbrella Organization）等。

地方级机构包括区地方政府和区水利卫生协调委员会。地区政府为国家供水和污水处理公司管辖范围以外的城市自来水计划选定和管理私营运营商，管理当地水利卫生发展和地区内水利卫生设施的运营维护，有权与其他地区政府联合组成区域机构来管理水资源。区水利卫生协调委员会协调地方政府和各方合作，监督地方政府涉水管理活动。

七、水法规与水政策

近年来，乌干达主要涉水法规见表5。

表 5　　乌干达主要涉水法规

年　份	颁 布 法 规
1997	《水法》
1998	《水和废水排放条例》
1998	《水资源条例》 《国家环境（向水或土地排放污水的最低标准）条例》
1999	《国家水政策》

1997 年的《水法》规定了水资源和供应的使用、保护和管理政策；并促进供水和污水处理的发展。《水法》宣传综合水资源管理原则，倡导所有利益攸关方参与水资源的利用、开发和管理规划，强调水资源方面跨部门利益和利益攸关方分担的财政和技术作用。

1997 年《地方政府法案》强调了授权地方当局根据当地水利卫生设施需求规划和实施发展措施。

1999 年《国家水政策》提供了一个总体政策框架，提出以综合和可持续的方式管理和开发乌干达的水资源，推动政府和私有部门一起合理开发水资源。

2007 年《乌干达性别政策》等促进女性平等参与水资源管理。

2019 年颁布的《国家环境法》鼓励乌干达人民参与环境管理，促进平等利用环境和自然资源、可持续发展、恢复和保护生态系统、建立环保标准并实施有效监控等。

乌干达水资源管理机构对水资源开发利用政策不统一，水资源使用权不清晰，导致了水资源管理责、权、利界定的复杂性，降低了水资源利用效率。私有部门介入供水行业，尽管可保障更多的居民用水，但水价上涨，居民用水权利得不到保证，使水资源使用的流动性差，水市场难以建立。

八、国际合作情况

乌干达是尼罗河流域倡议的成员以及总部驻地。该倡议旨在

推动加强尼罗河流域内的合作，协调和共同发展尼罗河流域的水资源、能源（水电）开发。该机构合作机制下设有“尼罗河流域区域电力交易”项目，目的是建立区域电力市场，协调区域电力发展和交易。在该项目下，乌干达为区域中心国家，与周边4国共同建设高压输电线路，5个国家的输电网络实现互联互通，为区域电力交易奠定基础。

乌干达和肯尼亚、坦桑尼亚于2003年达成《维多利亚湖流域可持续发展议定书》，规定了公平和合理利用、共同利益、可持续发展、世代公平、风险预防、保护国际水道生态系统等原则，并成立维多利亚湖流域委员会以执行公约。

赞 比 亚

一、自然经济概况

（一）自然地理

赞比亚全称赞比亚共和国（The Republic of Zambia）为非洲中南部内陆高原国家，与 8 个国家为邻。东有马拉维，东南为莫桑比克，南有津巴布韦、博茨瓦纳，西南为纳米比亚，西部为安哥拉，北部为刚果（金），东北部为坦桑尼亚。大部分地区在海拔 1000～1500m，地势从东北向西南倾斜。境内河流密布，水利资源丰富。全境分为 5 种地形：东北部（北方省和卢阿普拉省）为东非大裂谷区，北部（铜带省和西北省）为加丹加高原区，西南部（西方省和南方省）为北卡拉哈里盆地区，东南部（东方省东部）为卢安瓜-马拉维高原区，中部（东方省和中央省）为卢安瓜河盆地区。

赞比亚属于热带草原气候，温和凉爽，年平均气温为 18～20℃。全年分为三季：5—8 月为干凉季，气温为 9～27℃；9—11 月为干热季，气温为 26～32℃；12 月至次年 4 月为雨季，气温略低于干热季。全年雨量集中在雨季，北部年降雨量约 1370mm，向南递减至 727mm。

2020 年，赞比亚人口为 1840 万人，相比上一年增加 2.93%，并处于长期增长过程中；城市人口百分比为 44.6%，比上一年增加 1.26%，处于长期增长过程中。2018 年，赞比亚人口密度为 23.3 人/km^2。人均寿命 50 岁。男女比例为 50.04∶49.96。

赞比亚国土面积约 7526.1 万 hm^2。其中，可耕地面积为 380 万 hm^2，永久农作物面积为 3.6 万 hm^2，永久草场和牧地面积为

2000万 hm^2，占总面积的26.7%。森林面积为4519.05hm^2，占比超过60.3%。总宜农土地面积约为4200万 hm^2，占总国土面积的58%，但目前正在利用的土地仅为14%；可灌溉区域约为270万 hm^2，目前仅利用6%。

（二）经济

赞比亚气候宜人，土地肥沃，水资源丰富，发展农业的自然条件较好。1964年独立后的前10年，是赞比亚历史上经济发展最快时期，人均国民生产总值超过700美元，为撒哈拉以南非洲富裕国家之一。期间，铜出口额连年增长，1974年达到34亿美元。2006—2010年，GDP的平均增长率为6.4%。2010年，赞比亚农业连续第10年丰收，经济连续14年增长。2010年赞国内生产总值161.9亿美元，比上年增长7.6%，人均GDP为1241美元。2009—2013年人均GDP逐渐上升，2014—2020年人均GDP呈下降趋势，被世界银行列为低水平中等收入国家。2019年，赞比亚GDP为233.09亿美元，人均GDP为1305.02美元。GDP构成中，农业增加值占3%，矿业制造业公用事业增加值占27%，建筑业增加值占9%，运输存储与通信增加值占9%，批发零售业餐饮与住宿增加值占26%，其他活动增加值占26%。

二、水资源状况

（一）水资源量

赞比亚位于非洲中南部，水资源十分丰富，拥有南部非洲45%的水资源，水能资源初步估算约为676.5万kW，截至2013年已开发173.0万kW。赞比亚一直鼓励企业投资水电站项目。

据联合国粮农组织统计，2018年赞比亚境内地表水资源量约为802亿 m^3，境内地下水资源总量约为470亿 m^3，重复计算水资源量约为470亿 m^3，境内水资源总量为802亿 m^3，人均境内水资源量为4622m^3/人。2018年赞比亚境外流入的实际水资源量为246亿 m^3，实际水资源总量为1048亿 m^3，人均实际水资源量为6040m^3/人（表1）。

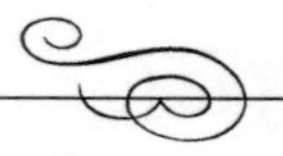

表 1　赞比亚水资源量统计简表

序号	项　目	单位	数量	备　注
①	境内地表水资源量	亿 m^3	802	
②	境内地下水资源量	亿 m^3	470	
③	境内地表水和地下水重叠资源量	亿 m^3	470	
④	境内水资源总量	亿 m^3	802	④=①+②-③
⑤	境外流入的实际水资源量	亿 m^3	246	
⑥	实际水资源总量	亿 m^3	1048	⑥=④+⑤
⑦	人均境内水资源量	m^3/人	4622	
⑧	人均实际水资源量	m^3/人	6040	

资料来源：联合国粮农组织统计数据库。表中水资源量均指可再生水资源量。

（二）水资源分布

境内有 5 条大河和 5 个大湖。5 条大河分别是：赞比西（Zambezi）河、卡夫埃（Kafue）河、卢安瓜（Luangwa）河、卢阿普拉（Luapula）河及谦比希（Chambeshi）河，其中赞比西河（非洲第四大河），全长 2560km，流经 8 个国家，在赞比亚境内长度 1520km，河上有著名的维多利亚大瀑布。卡夫埃河和卢安瓜河是赞比西河的支流。卢阿普拉河，赞比亚第二大河，是刚果河的上游，其延伸部分形成谦比希河。5 个大湖分别是班格韦卢瓦恩蒂帕湖、姆韦卢湖、坦噶尼卡湖、卡里巴湖和伊特兹特兹湖，其前三个为天然湖，后两个为人工湖，卡里巴湖是世界第一大人工湖。

三、水资源开发利用

（一）水利发展历程

赞比亚位于中南部非洲赞比西河北部，是一个内陆国，大部分国土位于海拔 1000～1600m 的高原。主要河流包括流经南方省和西方省的赞比西河、流经中央省和铜带省的卡富埃河、流经北方省的卢安普拉河、流经东方省的卢安瓜河。境内河流密布，其中赞比西河全长 2560km，是非洲第四大河，也是南部非洲的

最大河流。赞比亚的水力资源主要分布于赞比西河的几个峡谷和瀑布，水力资源量为486万kW，占总水力资源量的72%。其次为卡富埃河与卢安普拉河，共有水力资源量183.2万kW，占总水力资源量的27%。

（二）开发利用与水资源配置

1. 开发利用概况

赞比亚主要有3座大型水电站，分别为卡富埃峡谷（Kafue Gorge）水电站，装机容量为99万kW；卡里巴湖（Lake Kariba）水电站，装机容量为72万kW；维多利亚瀑布（Victoria Falls）水电站，装机容量为10.8万kW。此外，赞比亚还有6座小型水电站，11座柴油发电站（主要分布于西北省、西方省和东方省）。

赞比亚重点规划建设的3座大型水电站（含扩建项目），分别为卡富埃峡谷下游（Kafue Gorge Lower）水电站，装机容量为75万kW，坝高130.5m；卡里巴北岸（Kariba North Bank）水电站（即卡里巴湖水电站扩容工程），装机容量为36万kW；伊特兹特兹（Itezhi Tezhi）水电站，装机容量为12万kW。其中，下卡富埃峡水电站项目已于2011年7月20日正式开工，并于2021年6月30日，首台机组并网发电，项目总投资约20亿美元，采用BOOT方式建设，由中国水电、中非发展基金、赞比亚国家电力公司合作投资，中国国家开发银行提供融资，预计5台机组全部并网发电后，将提高赞比亚现有电力的38%，改变该国能源结构并缓解气候变化带来的电力短缺的局面。赞比亚规划建设的水电站还包括北方省卡伦格维希（Kalungwishi）地区的装机容量为160～200MW的水电站，以及在北方省、卢安普拉省、铜带省和西北省的一些小型水电站。

2. 供用水情况

2017年，赞比亚取水总量为16亿m^3。其中，农业取水量为11.5亿m^3，占取水总量比例为71.9%；工业取水量为1.3亿m^3；城市取水量为2.9亿m^3；人均取水量总量为93.27m^3/人，近年来人均取水总量有所下降。

（三）水力发电

1. 水电装机及发电量情况

据 2000 年评估，赞比亚水电技术可开发量约为 600 万 kW，经济可开发量约为 126 万 kW，截至 2021 年，赞比亚总水电装机总容量为 240 万 kW。

2013 年，该国水电站总发电量为 133.61 亿 kWh，平均约占该国总发电量的 99%。水电站发电平均成本约为 1.5 美分/kWh。该国正在运行的水电总装机容量为 208.9 万 kW，13.5 万 kW 在建，另外 292.4 万 kW 已规划，主要包括下卡富埃峡（75 万 kW）、巴托卡（Batoka）峡（180 万 kW）及卡隆圭希（Kalungwishi）水电站（21 万 kW）。该国年小水电蕴藏量为 9760 万 kWh。现有运行中的小水电站有 5 座，总装机容量 2.5 万 kW，在建 14.8MW，另已规划 3 座（2 万 kW）。正在对穆吉拉（Mujila）微型水电站开展可行性研究。此外，该国已规划若干太阳能项目，正在卡普塔（Kaputa）实施 1 座生物质气化项目，赞比亚电力公司 1 座运行中的生物能发电试点项目。

2. 小水电

赞比亚小水电开发滞后，农村地区的通电率为 3%，小水电的建设主要是给当地学校、医院、酋长住所和农村社区供电。截至 2012 年，赞比亚全国仅建成小水电站 11 座，总装机容量超过 6 万 kW，基本上都位于赞比亚北部和西北部，且都独立运行。北部一半的小水电站属于赞比亚国家电力公司，主要包括卢西瓦西电站（1.2 万 kW）、谦比西河瀑布电站（6000kW）、穆松达瀑布电站（5000kW）和隆祖阿电站（750kW）。

赞比亚小水电资源较为丰富，目前尚有部分资源没有查明，潜在的小水电站址有 8 处，主要分布于赞比西河、卡富埃河、卡夫布河、隆祖阿河、谦比西河等流域。

四、水资源保护与可持续发展状况

水利基础设施实施前，需获得赞比亚环境管理局（ZEMA）的批准。通常情况下，其中约 10%的工程投资用于社会和环境

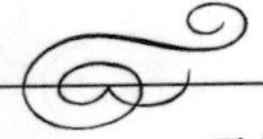

项目。在环境影响评价期间，以社区为基础的宣传活动是增强公众对水电站效益认识的主要途径。项目开发商和赞比亚环境管理局联合主导实施环境和社会项目。赞比亚环境管理局负责批准所有项目的环境影响评价。

南部非洲电力联盟（SAPP）正试图从国际贷款机构筹集资金开发电力项目。重点实施下卡富埃等2个重要电力项目，还鼓励国际水电开发商参与该国水电项目的开发。除下卡富埃峡、卡隆圭希等项目外，该国还计划扩容改造现有的小水电站项目。

五、水资源管理

能源和水利部负责水利和能源行业管理。水务部负责一般性的水资源开发事务，而居民供水由专区和省一级的地方机构负责。

赞比亚能源和水利开发部（Ministry of Energy and Water Development）负责监管赞比亚国家电力公司（Zambia Electricity Supply Company Limited，简称ZESCO）。该公司成立于1970年，是赞比亚政府的全资国有企业，也是赞比亚电力市场最大的运营商，负责向除铜带省采矿业用户以外的其他用户提供电力零售服务。2006年，赞比亚国家电力公司实行了商业化运作。

小水电方面，主要管理机构是赞比亚农电局，其主要职能就是在农村地区推广小水电的建设，提高农村地区的居民生活水平和保护当地生态环境。赞比亚政府高度重视小水电在促进农村可持续发展中发挥的重要作用。

六、水法规与水政策

赞比亚1964年10月独立后，重视水资源管理法治建设，制定了水法律。其中规定，在用水方面（不是所有权），公共水和私人水之间存在区别，但水的一切所有权属于国家。当地部落习惯法强调部落利益，除了水为整个部落所占有外，不承认水的私有权。水法律对财政管理作出规定，城市用水户应按水的生产成

本及用水量付款。在农村地区，政府资助水的生产成本，而用水户一般应按年或月每户平均水费交纳用水费。

七、国际合作情况

赞比亚加入了南部非洲发展共同体（SADC，1992 年成立），其前身是 1980 年成立的南部非洲发展协调会议。该共同体目前有安哥拉、博茨瓦纳、莱索托、马拉维、莫桑比克、纳米比亚、南非、斯威士兰、坦桑尼亚、津巴布韦等 16 个成员国。2003 年，非洲东南部的布隆迪、刚果、坦桑尼亚和赞比亚等四国通过了《坦噶尼喀湖可持续管理公约》（*The Convention on the Sustainable Management of Lake Tanganyika*），首要目的是促进共享水资源保护，开展综合管理与合作，规定了风险预防、污染者付费等原则，并建立了坦噶尼喀湖管理局以实施公约。1996 年 6 月，中赞两国政府签署了《鼓励投资和保障协议》。

主要参考资料

各国共用资料

[1] 中华人民共和国外交部网站资料．[EB/OL]．[2021－11－19]．https：//www. fmprc. gov. cn.

[2] 中华人民共和国商务部网站资料．[EB/OL]．[2021－11－19]．http：//www. mofcom. gov. cn.

[3] 世界银行．世界发展标准数据库．[EB/OL]．[2021－10－19]．ttps：//data. worldbank. org. cn.

[4] 世界能源调查 2013．[R/OL]．[2021－10－19]．World Energy Resources 2013 Survey. https：//www. worldenergy. org/publications/entry/world－energy－resources－2013－survey.

[5] 水利部科技教育司．各国水概况 [M]．长春：吉林科学技术出版社，1989.

[6] 联合国粮农组织（Food and Agriculture Organization of the United Nations）数据库 [EB/OL]．[2021－09－14]．https：//www. fao. org/aquastat/statistics/query/index. html? lang＝en.

[7] Knoema 数据库．[EB/OL]．[2021－10－19]．https：//cn. knoema. com.

分国家资料

阿尔及利亚

[1] C. 布鲁奇，孙远，车友宜．中东和北非水资源管理的法律框架（上）[J]．水利水电快报，2008（11）：12－16，38.

[2] C. 布鲁奇，孙远，车友宜．中东和北非水资源管理的法律框架（下）[J]．水利水电快报，2008，29（12）：18－22，31.

[3] A. 劳乌阿里，邹瑜．阿尔及利亚水电现状和未来机遇 [J]．水利水电快报，2017，38（09）：7－9.

[4] 中国水网．阿尔及利亚改善水资源管理模式 [EB/OL]．https：//www. h2o－china. com/news/38312. html.

[5] 熊中英，阿尔及利亚［M］. 北京：中国青年出版社，1965：8－11.

埃及

[1] 唐湘茜．非洲篇（三）［J］. 水利水电快报，2015，36（8）：36－40.

[2] 周立志．非洲四大流域水电开发状况及建议［J］. 水力发电学报，2020，39（9）：43－55.

[3] 李雯，左其亭，东林，等．“一带一路”主体水资源区国家水资源管理体制对比［J］. 水电能源科学，2020，38（3）：49－53.

[4] 吴东科．灌溉和施肥对埃及尼罗河三角洲玉米生长和水分利用的影响［D］. 西北农林科技大学，2014.

[5] 李其光，李军波，王延立．尼罗河西三角洲地区农业灌溉的启示［J］. 农村水利，2011，(2)：20－21.

[6] 朱庆云．埃及的水质管理现状［J］. 水利水电快报．2014，35（9）：11－15.

[7] 孙炼，李春晖．世界主要国家水资源管理体制及对我国的启示［J］. 国土资源情报，2014，(9)：14－22.

[8] 李立新，严登华，郝彩莲，等．非洲水资源管理及其对我国的启示［J］. 水利水电快报，2012，33（4）：14－18.

[9] Gobla Data. Attaqa Mountain Pumped Storage Power Plant，Egypt［EB/OL］［2021－09－14］. https：//www.power－technology.com/projects/attaqa－mountain－pumped－storage－power－plant/.

埃塞俄比亚

[1] 赵国强．埃塞俄比亚水资源现状研究［J］. 环境与发展，2019，31（7）：253－254，256.

[2] 郭元飞．埃塞俄比亚清洁能源发展研究［D］. 昆明：云南大学，2017.

[3] 谈震．埃塞俄比亚主要作物需水量的时空变化与趋势分析［D］. 甘肃：兰州大学，2016.

[4] 王婷．“一带一路”背景下的埃塞俄比亚投资环境研究［D］. 临汾：山西师范大学，2016.

[5] 唐湘茜．非洲篇（三）［J］. 水利水电快报，2015，36（8）：36－40.

[6] 万霞．国际环境法案例评析［M］. 北京：中国政法大学出版社，2011.

[7] 叶玮，朱丽东，等．当代非洲发展研究系列 当代非洲资源与环境［M］. 杭州：浙江人民出版社，2013.

[8] 李振杰．埃及水源危机与应对机制［J］. 低碳世界，2021，11（2）：247－248. DOI：10.16844/j. cnki. cn10－1007/tk. 2021. 02. 122.

[9] 乔苏杰，陈长，范慧璞．埃塞俄比亚可再生能源和电力发展现状及合作分析［J］．水力发电，2021，47（11）：100－103，117.

安哥拉

[1] 严存库．浅谈对安哥拉水电市场开拓的体会［J］．西北水电，2019，（5）：6－9.

[2] 唐湘茜．非洲篇（一）［J］．水利水电快报，2015，36（6）：37－41.

[3] 周立志．非洲四大流域水电开发状况及建议［J］．水力发电学报，2020，39（9）：43－55.

博茨瓦纳

[1] 徐人龙．博茨瓦纳［M］．北京：社会科学文献出版社，2007.

刚果（金）

[1] 商务部国际贸易经济合作研究院，中国驻刚果民主共和国大使馆经济商务处，商务部对外投资和经济合作司．对外投资合作国别（地区）指南：刚果民主共和国（2020年版）［Z/OL］．2020［2021－08－16］．http：//www.mofcom.gov.cn/dl/gbdqzn/upload/gangguojin.pdf.

加纳

[1] "World Bank. 2011. Water Supply and Sanitation in Ghana：Turning Finance into Services for 2015 and Beyond."［EB/OL］［2021－09－14］. An AMCOW country status overview. Nairobi. © World Bank. https：//openknowledge.worldbank.org/handle/10986/17758 License：CC BY 3.0 IGO.

[2] Ghana，Ghana. Ministry of Water Resources，Works & Housing. National water policy［M］. Ministry of Water Resources，Works and Housing，2007.

津巴布韦

[1] 蒋和平．津巴布韦农业发展现状及政策建议［J］．世界农业，2014（9）：53－58.

[2] 周少平，唐蕴．与津巴布韦农业可持续发展有关的土地资源和水资源问题［J］．资源·产业，1999（11）：46－48.

[3] Remember Samu and Aysu Sagun Kentel. An analysis of the flood management and mitigation measures in Zimbabwe for a sustainable future［J］. International Journal of Disaster Risk Reduction，2018，31：691－697.

喀麦隆

[1] 李庆．喀麦隆隆潘卡尔水电站的潜在作用［J］．水利水电快报，

2013，34（05）：9－10，24.

［2］ A. A. 阿古，G. E. T. 依扬，G. E. 恩肯，等．喀麦隆水资源综合管理［J］．水利水电快报，2011，32（02）：13－18.

肯尼亚

［1］ 曹建生，董文旭，李晓欣，等．肯尼亚雨水集流利用现状及思考［J］．中国生态农业学报，2016（7）：8.

［2］ Njuguna S M．肯尼亚的淡水污染，风险评估和植物修复潜力［D］．武汉：中国科学院大学（中国科学院武汉植物园），2019.

［3］ Water Resources Management Authority. The National Water Master Plan 2030，Water Resources Management Authority，Sectoral Report（D），Volume IV，2013.

利比亚

［1］ 张亚平，曹健．利比亚大人工河工程简介［J］．给水排水．1999，（09）：59－61.

［2］ 周士稼．利比亚的大型“人造河”工程及其预应力混凝土管道［J］．水利电力施工机械．1986，（01）：42－35，47.

马达加斯加

［1］ RAHARIMAHEFA，TSILAVO，KUSKY，et al. Environmental Monitoring of Bombetoka Bay and the Betsiboka Estuary，Madagascar，Using Multi－Temporal Satellite Data［J］．Journal of Earth Science（Wuhan，China），2010，21（2）：210－226. DOI：10.1007/s12583－010－0019－y.

［2］ USAID Madagascar Water Resources Profile Overview，［EB/OL］［2021－09－14］．2021.

［3］ World Bank. Madagascar Country Environmental Analysis：Taking Stock and Moving Forward；［EB/OL］［2021－09－14］．2013.

马拉维

［1］ 商务部国际贸易经济合作研究院，中国驻马拉维大使馆经济商务处，商务部对外投资和经济合作司．对外投资合作国别（地区）指南：马拉维（2020年版）［Z/OL］．2020［2021－08－16］．http：//www.mofcom.gov.cn/dl/gbdqzn/upload/malawei.pdf.

［2］ 中国驻马拉维大使馆经济商务处．［EB/OL］．（2014－09－10）［2021－08－16］．http：//malawi.mofcom.gov.cn/article/ddgk/200807/20080705646390.shtml.

［3］ 夏新华，顾荣新，列国志．马拉维［M］．北京：社会科学文献出版

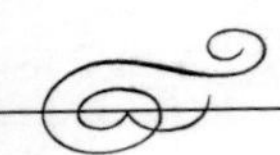

社，2015.

[4] National Statistical Office of Malawi. Malawi in Figures（2020 Edition）[R]. Zomba，2020.

[5] 水利部科技教育司．各国水概况［M］. 长春：吉林科学技术出版社，1989.

[6] Food and Agriculture Organization of the United Nations（联合国粮农组织）. Computation of long - term annual renewable water resources by country：Malawi [Z/OL].（2019 - 02 - 07）[2021 - 08 - 16]. AQUASTAT Global Water Information System.

[7] Food and Agriculture Organization of the United Nations（联合国粮农组织）. Country Fact Sheet：Malawi [Z/OL].（2019 - 02 - 07）[2021 - 08 - 16]. AQUASTAT Global Water Information System.

[8] KAUNDA C S. Energy situation，potential and application status of small - scale hydropower systems in Malawi [J]. Renewable and Sustainable Energy Reviews，2013，26（26）：1 - 19.

[9] Food and Agriculture Organization of the United Nations（联合国粮农组织）. AQUASTAT Country profile - Malawi [R]. Rome，Italy：2006.

[10] 佚名．国外水电纵览非洲篇（四）[J]. 治黄科技信息，2009，000（006）：23 - 27.

[11] KUMAMBALA P G，ERVINE A. Site selection for combine hydro，irrigation and water supply in Malawi：Assessment of water resource availability [J]. Desalination，2009，248（1 - 3）：537 - 545.

[12] WANDA E M M，GULULA L C，PHIRI G. An appraisal of public water supply and coverage in Mzuzu City，northern Malawi [J]. Physics & Chemistry of the Earth Parts A/b/c，2012，50 - 52（Complete）：175 - 178.

[13] World Bank. Malawi Country Environmental Analysis [R]. Washington，DC：2019.

[14] T. D. HENDRIKS，F. K. BOERSMA. Bringing the state back in to humanitarian crises response：Disaster governance and challenging collaborations in the 2015 Malawi flood response [J]. International Journal of Disaster Risk Reduction，40：101262.

[15] United Nations Development Programme Malawi. Increasing Access to Clean and Affordable Decentralised Energy Services in Selected

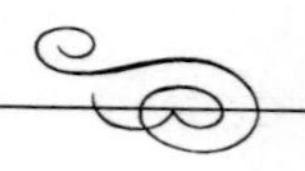

Vulnerable Arad of Malawi [Z]. 2015.
[16] National Statistical Office. National Energy Survey Report 2012 [R]. Zomba, Malawi: 2014.
[17] 郭重汕. 非洲马拉维特扎尼梯级电站扩容 [J]. 水利水电快报, 2017, 38 (09): 33.
[18] Ministry of Energy. Hydropower [DB/OL]. [2021-08-16]. https://www.energy.gov.mw/portfolio-item/hydropower/.
[19] 谭婧. 非洲开发银行投资水利项目 [J]. 水利水电快报, 2018, 39 (04): 12-13.
[20] CHILUWE Q W, NKHATA B. Analysis of water governance in Malawi: towards a favourable enabling environment [J]. Journal of Water Sanitation & Hygiene for Development, 2014, 4 (2): 313.

马里

[1] 孙晓刚, 赵秋云. 非洲水电开发前景展望 [J]. 水利水电快报, 2015, 36 (09): 9-10.
[2] 唐湘茜. 非洲篇 (三) [J]. 水利水电快报, 2015, 36 (08): 36-40.
[3] 黄鹤鸣. 非洲国家的水资源开发 [J]. 水利水电快报, 1996 (24): 20-24.
[4] 李伟. 世界农业法鉴 [M]. 北京: 中国民主法制出版社, 2004.

摩洛哥

[1] M. B. 阿卡莱, 杨胜梅, 郭重汕. 摩洛哥的大坝安全监测实践 [J]. 水利水电快报, 2016, 37 (09): 30-32.
[2] C. 布鲁奇, 孙远, 车友宜. 中东和北非水资源管理的法律框架 (上) [J]. 水利水电快报, 2008 (11): 12-16, 38.
[3] C布鲁奇, 孙远, 车友宜. 中东和北非水资源管理的法律框架 (下) [J]. 水利水电快报, 2008, 29 (12): 18-22, 31.

南非

[1] 刘伟, 陈丽萍, 杨杰, 等. 南非水资源管理及其确权登记 [J]. 国土资源情报, 2016 (08): 3-8.
[2] 徐宗学, 张志果. 南非水资源概况 [J]. 水利科技, 2009 (01): 42.
[3] 林兴潮. 纵观南非、埃及的水资源管理 [J]. 地下水, 2007 (06): 1-6.
[4] 黄建和. 南非大坝概述 [J]. 水利水电快报, 1995 (06): 30-31.
[5] 吕哲权. 国际社会与南非的经贸合作 [J]. 国际经济合作, 1991

(10)：44－46.

[6] 王益明，任婷婷．复兴大坝与尼罗河流域的水资源竞争［J］．区域与全球发展，2021，5（01）：47－57，155－156.

尼日利亚

[1] National Bureau of Statistics. Annual Abstract of Statistics [R]. Negeria：2017.

[2] 帅启富．尼日利亚水资源开发利用对中国农村水利改革的启示［J］．水利发展研究，2007，4（10）：49－53.

[3] 国家统计局．世界主要国家和地区水资源续表 3［DB/OL］．http：//www. stats. gov. cn/ztjc/ztsj/hjtjzl/2010/201112/t20111229 _ 72587. html，2010/2021－07－26.

[4] Food and Agriculture Organization of the United Nations（联合国粮农组织）. AQUASTAT Country Profile － Nigeria [R]. Rome，Italy：2016.

[5] 徐宗学，王韶伟．走近非洲水系列之三：支流众多的尼日尔河［N］．中国水利报，2008－04－10（004）.

[6] O. A. FASIPEAB，O. C. IZINYONB，J. O. EHIOROBOB. Hydropower potential assessment using spatial technology and hydrological modelling in Nigeria river basin [J]. Renewable Energy，2020，178：960－976.

[7] AYOOLA T. BRIMMOAB，AHMED SODIQBC，SAMUEL SOFELAAB，et al. Sustainable energy development in Nigeria：Wind，hydropower，geothermal and nuclear（Vol. 1） [J]. Renewable and Sustainable Energy Reviews，2017，74：474－490.

[8] NGENE BEN U. et al. Assessment of water resources development and exploitation in Nigeria：A review of integrated water resources management approach [J]. Heliyon，2021，7（1）.

[9] OKOYE J K，ACHAKPA P M. Background Study on Water and Energy Issues in Nigeria to Inform the National Consultative Conference on Dams and Development [R]. Nigeria：2007－03.

[10] 中国对外承包工程商会综合部．域外传真（8）尼日利亚［J］．施工企业管理，2006，4（09）：73－74.

[11] 埃克波，刘明．尼日利亚古拉拉调水工程解决社会和环境问题的经验［J］．水利水电快报，2009，30（07）：15－16.

[12] 王光谦．世界调水工程［M］．北京：科学出版社，2009.

[13] V. O. OLADOKUN，D. PROVERBS. Flood Risk Management in Ni-

geria: A Review of the Challenges and Opportunities [J]. International Journal of Safety and Security, 2016, 6 (3): 485-497.

[14] OLAYINKA S. OHUNAKIN, SUNDAY J. OJOLO, OLUSEYI O. AJAYI. Small hydropower (SHP) development in Nigeria: An assessment [J]. Renewable and Sustainable Energy Reviews, 2011, 15 (4): 2006-2013.

[15] SUNDAY OLAYINKA OYEDEPO, et al. Towards a Sustainable Electricity Supply in Nigeria the Role of Decentralized Renewable Energy System [J]. European Journal of Sustainable Development Research, 2018, 2 (4): 40.

[16] 潘阳春，刘冲尼．尼日利亚宗格鲁水电站下闸蓄水 [EB/OL]. https://www.powerchina.cn/art/2021/4/30/art_7449_1090913.html, 2021-04-30/2021-07-26.

[17] S. 拉库瓦，李庆，蔡建清．尼日利亚蒙贝拉水电项目开发 [J]. 水利水电快报，2015，36 (09): 17-20, 30.

[18] 中地海外集团．我司正式签署尼日利亚蒙贝拉水电站项目合同 [EB/OL]. http://www.cgcoc.com.cn/news/307.html, 2017-11-10/2021-07-26.

[19] HIROYUKI TAKESHIMA, SHEU SALAU, ADETOLA ADEOTI. Constraints and Knowledge Gaps for Different Irrigation Systems in Nigeria [R]. Nigeria Strategy Support Program (NSSP): 2010-10.

[20] MGBENKA RN, NICHOLAS OZOR, IGBOKWE EM, et al. Soil and water conservation capabilities among farmers and extension agents in eastern region of Nigeria [J]. African Journal of Agricultural Research, 2012, 7 (1): 58-67.

[21] JOSHUA O. IGHALO, ADEWALE George ADENIYI. A comprehensive review of water quality monitoring and assessment in Nigeria [J]. Chemosphere, 2020 (260): 127569.

[22] JOSHUA O. IGHALO, ADEWALE GEORGE ADENIYI, JAMIU A. ADENIRAN, et al. A systematic literature analysis of the nature and regional distribution of water pollution sources in Nigeria [J]. Journal of Cleaner Production, 2021 (283): 124566.

[23] OKEOLA, OLAYINKA G., BALOGUN, et al. Challenges and Contradictions in Nigeria's Water Resources Policy Development: A Critical Review [J]. International Journal of Science and Technology,

2017，6（1）：13.

[24] Federal Ministry of Water Resources. National Water Resources Policy（2016）[Z]. Negeria：2016-07.

塞拉利昂

[1] 周立志．非洲四大流域水电开发状况及建议 [J]．水力发电学报，2020，39（9）：43-55.

[2] 赵亮．塞拉利昂电力市场简介 [J]．国际工程与劳务．2015，（03）：55-56.

[3] 黄喆斌．我援塞拉利昂项目成果喜人 [J]．国际经济合作．1987，（05）：15-16.

[4] 高立业．中国水利水电建设工程咨询渤海公司组织援建塞拉利昂水电站项目工程考察工作圆满结束 [J]．中国工程咨询．2009，（06）：1.

[5] 塞拉利昂能源部（Ministry of Energy）．Renewable Energy Policy of-Sierra Leone. [EB/OL] [2021-07-22]. https：//ewrc. gov. sl/wp-content/uploads/2021/07/Renewable _ Energy _ Policy. pdf.

塞内加尔

[1] World Bank. 2011. Water Supply and Sanitation in Senegal：Turning Finance into Services for 2015 and beyond. An AMCOW country status overview. Nairobi. © World Bank. https：//open knowledge. worldbank. org/handle/10986/17759 License：CC BY 3. 0 IGO.

[2] World Bank. 2014. Senegal Urban Floods：Recovery and Reconstruction since 2009. World Bank，Washington，DC. © World Bank. https：//open knowledge. worldbank. org/handle/10986/26552 License：CC BY 3. 0 IGO.

斯威士兰

[1] BREVERMAN A L，HELMINIAK J E，ENGLAND S M. Water Security in Eswatini，Africa [C] //World Environmental and Water Resources Congress 2020：Emerging and Innovative Technologies and International Perspectives. Reston，VA：American Society of Civil Engineers，2020：64-72.

苏丹

[1] 百度百科．苏丹 [Z/OL]．[2021/2021-9-28]. https：//baike. baidu. com/item/%E8%8B%8F%E4%B8%B9/5450? fr=aladdin.

[2] 中华人民共和国外交部．苏丹国家概况 [Z/OL]．[2021-7/2021-9-28]. https：//www. fmprc. gov. cn/web/gjhdq _ 676201/gj _

676203/fz _ 677316/1206 _ 678526/1206x0 _ 678528/.

[3] The Water Project. Water in Crisis - Sudan. [Z/OL]. [2021 - 9 - 28]. https://thewaterproject.org/water - crisis/water - in - crisis - sudan.

坦桑尼亚

[1] Ministry of Water. Tanzania Water Resources Atlas [R]. Dodoma, Tanzania: 2019.

[2] 裴善勤，钱镇．列国志：坦桑尼亚 [M]. 北京：社会科学文献出版社，2019.

[3] NGONDO M. JAMILA，程和琴，DUBI M. ALFONSE，等．坦桑尼亚沿海城市淡水供应相关挑战的可持续适应策略 [J]. 华东师范大学学报：自然科学版（S01）：6.

[4] 姜晔，刘爱民，陈瑞剑．坦桑尼亚农业发展现状与中坦农业合作前景分析 [J]. 世界农业，2015，No. 439（11）：72 - 77.

[5] Food and Agriculture Organization of the United Nations（联合国粮农组织）. Computation of long - term annual renewable water resources (RWR) by country: United Reepublic of Tanzania [Z/OL]. (2019 - 02 - 07) [2021 - 08 - 16]. AQUASTAT Global Water Information System.

[6] Food and Agriculture Organization of the United Nations（联合国粮农组织）. AQUASTAT Country profile - United Republic of Tanzania [R]. Rome, Italy: 2016.

[7] Food and Agriculture Organization of the United Nations（联合国粮农组织）. Country Fact Sheet: United Reepublic of Tanzania [Z/OL]. (2019 - 02 - 07) [2021 - 08 - 16]. AQUASTAT Global Water Information System.

[8] SWEYA L. N., WILKINSON S., CHANG - RICHARD A. Understanding Water Systems Resilience Problems in Tanzania [J]. Procedia Engineering, 2018, 212: 488 - 495.

[9] MSABI M. M., MAKONYO M. Flood susceptibility mapping using GIS and multi - criteria decision analysis: A case of Dodoma region, central Tanzania [J]. Remote Sensing Applications Society and Environment, 2021, 21 (1): 100445.

[10] 《水利水电快报》编辑部．非洲篇（六）[J]. 水利水电快报，2007.

[11] 龚俊．坦桑尼亚小水电市场分析 [J]. 云南水力发电，2018，034

(004)：170－172.

［12］ REUBEN M. J. KADIGI，NTENGUA S. Y. MDOE，GASPER C. ASHIMOGO. Sylvie Morardet（2008）. Water for irrigation or hydropower generation? —Complex questions regarding water allocation in Tanzania［J］. Agricultural water management，95（8）：0－992.

［13］ MAGANGA，FAUSTIN P.，BUTTERWORTH，et al. Domestic water supply，competition for water resources and IWRM in Tanzania：a review and discussion paper［J］. Physics & Chemistry of the Earth－Parts A/B/C，2002.

［14］ 熊玉伟．央企海外项目部党建工作研究与思考——以中国水电十一局坦桑尼亚朱利叶斯·尼雷尔水电站项目部为例［J］．办公室业务，2020，No. 349（20）：42－44.

［15］ AHLBORG H.，SJÖSTEDT M. Small－scale hydropower in Africa：Socio－technical designs for renewable energy in Tanzanian villages［J］. Energy Research & Social Science，2015，5：20－33.

［16］ 帅启富，许金泽，梁小平．中坦农业灌溉合作实践与探讨［J］．水利发展研究，2010，10（010）：66－70.

［17］ 范晓婷，SALIM M. MOHAMMED. 坦桑尼亚水质和污染研究回顾［J］．AMBIO－人类环境杂志，2002，31（Z1）：617－620.

［18］ LIGATE F.，IJUMULANA J.，AHMAD A.，et al. Groundwater resources in the East African Rift Valley：Understanding the geogenic contamination and water quality challenges in Tanzania［J］. Scientific African，2021.

［19］ ELISA M.，KIHWELE E.，WOLANSKI E.，et al. Managing wetlands to solve the water crisis in the Katuma River ecosystem，Tanzania［J］. Ecohydrology and Hydrobiology，2021，21（1）.

［20］ RAJABU K.，MAHOO H. F. Challenges of optimal implementation of formal water rights systems for irrigation in the Great Ruaha River Catchment in Tanzania［J］. Agricultural Water Management，2008，95（9）：1067－1078.

［21］ ENGLAND M. I. Contested waterscapes：Irrigation and hydropower in the Great Ruaha River Basin，Tanzania［J］. Agricultural Water Management，2019，213：1084－1095.

突尼斯

［1］ 周立志．非洲四大流域水电开发状况及建议［J］．水力发电学报，

2020，39（9）：43－55.

［2］ 王成梓．突尼斯水资源及其开发［J］．东北水利水电，1988，（7）：44－48.

［3］ 中国科学院．突尼斯重视水资源保护［EB/OL］．［2002－03－21］http：//www. cas. cn/xw/kjsm/gjdt/200203/t20020321_1005035. shtml

［4］ 李碗明．中突友谊的长河——麦热尔德—崩角水渠［J］．国际经济合作，1986，（6）：32－33.

［5］ Ministry of Agriculture，Water Resources and Fisheries，2017. Rapport National du Secteur de l'Eau. http：//www. agriculture. tn.

［6］ 联合国环境规划署（United Nations Environment Programme）［EB/OL］．［2021－09－17］https：//www. unep. org/unepmap/what－we－do/projects/MedProgramme.

［7］ Ministry of Agriculture，Water Resources and Fisheries，2017. Rapport National du Secteur de l'Eau.

［8］ ITES，2014. Etude Stratégique：Système Hydraulique de la Tunisie *à* l'Horizon 2030.

［9］ Ministry of Agriculture（1998）'Eau 21 － Stratégie du secteur de l'eau en Tunisie *à* long terme 2030'，Report prepared by Khanfir，R.，Louati，M. H.，Frigui，H. L.，El Echi，M. L.，Marzouk，A. and Alouini，A.，p. 81 ＋ cartes ＋ annexes.

乌干达

［1］ 梁小平，帅启富．乌干达水资源利用现状及滴灌试验研究［J］．农技服务，2016（33）：134－134.

［2］ Food and Agriculture Organization of the United Nations（联合国粮农组织）．AQUASTAT Country profile：Uganda［R］．Rome，Italy：2014.

［3］ ROSE OSINDE ALABASTER，LENKA KRUČKOVÁ. Uganda Country Mapping－The Status of Implementation and Monitoring of the Human Right to Water and Sanitation［R］．WaterLex，2015.

［4］ JOSHUA WANYAMA，HERBERT SSEGANE，ISAYA KISEKKA，et al. Irrigation Development in Uganda：Constraints，Lessons Learned，and Future Perspectives［J］．American Society of Civil Engineers，2017，143（5）：04017003.

［5］ 李元红，李晶，邓建伟，等．乌干达水资源开发利用现状及管理对策［J］．中国水利，2015（13）：61－64.

[6] 魏翠萍．列国志：乌干达［M］．北京：社会科学文献出版社，2012．
[7] 水利部科技教育司．各国水概况［M］．长春：吉林科学技术出版社，1989．
[8] Food and Agriculture Organization of the United Nations（联合国粮农组织）．Country Fact Sheet：Uganda［Z/OL］．（2019－02－07）［2021－08－16］．AQUASTAT Global Water Information System.
[9] JJEMBA E. W.，MWEBAZE B. K.，ARRIGHI J.，et al. Forecast－Based Financing and Climate Change Adaptation［J］// Zinta Zommers，Keith Alverson. Resilience：The Science of Adaptation to Climate Change. Elsevier. 2018：237－342.
[10] Uganda Bureau of Statistics. Installed Electricity Capacity in MW（2013－2020）［Z/OL］．（2020）［2021－08－16］．https：//www. ubos. org/wp－content/uploads/statistics/Installed _ Electricity _ Capacity _ in _ MW _ 2014 _ 2020. xlsx.
[11] Uganda Bureau of Statistics. 2020 Statistical Abstract［R］．Uganda：2020.
[12] L. 穆武木扎，钱卓洲．水电是乌干达经济发展的重要引擎［J］．水利水电快报，2018，39（3）：10－13．
[13] 冯涛，向世武．乌干达欧文水电站的修复与改造［J］．国际水力发电，1998，08：48－50．
[14] F. K. 卡里沙，朱晓红．乌干达布加加里水电工程进展［J］．水利水电快报，2005，26（18）：30－32．
[15] 张晓昕，陈鹏，谷金操，等．水电站出线竖井结构外水压力计算分析［J］．东北水利水电，2018，36（05）：1－4．
[16] 王忠权，古俊飞．伊辛巴水电站土石坝防渗土料研究［J］．低碳世界，2018（5）：77－78．
[17] Ministry of Water and Environment. Framework and Guidelines for Water Source Protection Volume 1：Framework for Water Source Protection［R］．Uganda：2013.
[18] Food and Agriculture Organization of the United Nations（联合国粮农组织）．Irrigation Areas Sheet：Uganda［Z/OL］．（2019－02－07）［2021－08－16］．AQUASTAT Global Water Information System.
[19] Directorate of Water Resources Management. Catchment Management Organisation Procedures Manual［R］．Uganda：2019.

[20] 何艳梅．国际水法调整下的跨国流域管理体制 [J]．边界与海洋研究，2020，5 (06)：53 - 79.

赞比亚

[1] 王益明，任婷婷．复兴大坝与尼罗河流域的水资源竞争 [J]．区域与全球发展，2021，5 (01)：47 - 57，155 - 156.

[2] 唐湘茜．非洲篇（八）[J]．水利水电快报，2016，37 (01)：39 - 41.

[3] 何艳梅．国际水法调整下的跨国流域管理体制 [J]．边界与海洋研究，2020，5 (06)：53 - 79.

[4] 吴鲜红，董国锋．赞比亚小水电的开发 [J]．小水电，2012 (01)：6 - 8.

[5] E. 卡萨罗，张兰．赞比亚水电开发规划与展望 [J]．水利水电快报，2006 (12)：5 - 7.